编审委员会

学术顾问

杜国城　全国高职高专教学指导委员会秘书长　教授

季　翔　徐州建筑学院　教授

黄　维　清华大学美术学院　教授

罗　力　四川美术学院　教授

郝大鹏　四川美术学院　教授

陈　航　西南大学美术学院　教授

李　巍　四川美术学院　教授

夏镜湖　四川美术学院　教授

杨仁敏　四川美术学院　教授

余　强　四川美术学院　教授

张　雪　北京航空航天大学新媒体艺术系　教授

主编

沈渝德　四川美术学院　教授

中国建筑学会室内设计分会专家委员会委员、重庆十九分会主任委员

高职高专教育土建类专业教学指导委员会委员

建筑类专业指导分委员会副主任委员

编委

李　巍　四川美术学院　教授

夏镜湖　四川美术学院　教授

杨仁敏　四川美术学院　教授

沈渝德　四川美术学院　教授

刘　蔓　四川美术学院　教授

杨　敏　广州工业大学设计学院　副教授

邹艳红　四川教育学院　教授

胡　虹　重庆工商大学　教授

余　鲁　重庆三峡学院美术学院　教授

文　红　重庆教育学院　教授

罗晓容　重庆工商大学　教授

曾　强　重庆交通大学　教授

高等职业教育艺术设计"十二五"规划教材

ART DESIGN SERIES

住宅环境景观设计教程

Residential Environment Landscape Design Course

庞杏丽 编著

国家一级出版社
全国百佳图书出版单位

西南师范大学出版社
XINAN SHIFAN DAXUE CHUBANSHE

图书在版编目（CIP）数据

住宅环境景观设计教程 / 庞杏丽编著. -- 重庆：
西南师范大学出版社，2016.8
高等职业教育艺术设计"十二五"规划教材
ISBN 978-7-5621-7934-4

Ⅰ.①住… Ⅱ.①庞… Ⅲ.①居住环境 - 景观设计 -
高等职业教育 - 教材 Ⅳ.①TU984.12

中国版本图书馆CIP数据核字(2016)第179286号

丛书策划：李远毅　　王正端

高等职业教育艺术设计"十二五"规划教材
主　　编：沈渝德

住宅环境景观设计教程　庞杏丽 编著
ZHUZHAI HUANJING JINGGUAN SHEJI JIAOCHENG

责任编辑：袁　理
整体设计：沈　悦

西南师范大学出版社（出版发行）

地　　址：重庆市北碚区天生路2号	邮政编码：400715
本社网址：http://www.xscbs.com	电　　话：（023）68860895
网上书店：http://xnsfdxcbs.tmall.com	传　　真：（023）68208984

经　　销：新华书店
排　　版：重庆大雅数码印刷有限公司·黄金红
印　　刷：重庆康豪彩印有限公司
开　　本：889mm×1194mm　1/16
印　　张：7.5
字　　数：234千字
版　　次：2016年8月 第1版
印　　次：2016年8月 第1次印刷
ISBN 978-7-5621-7934-4
定　　价：39.00元

本书如有印装质量问题，请与我社读者服务部联系更换。读者服务部电话：（023）68252507
市场营销部电话：（023）68868624　68253705

西南师范大学出版社正端美术工作室欢迎赐稿，出版教材及学术著作等。
正端美术工作室电话：（023）68254657（办）　13709418041　E-mail：xszdms@163.com

序
Preface 沈渝德

职业教育是现代教育的重要组成部分，是工业化和生产社会化、现代化的重要支柱。

高等职业教育的培养目标是人才培养的总原则和总方向，是开展教育教学的基本依据。人才规格是培养目标的具体化，是组织教学的客观依据，是区别于其他教育类型的本质所在。

高等职业教育与普通高等教育的主要区别在于：各自的培养目标不同，侧重点不同。职业教育以培养实用型、技能型人才为目的，培养面向生产第一线所急需的技术、管理、服务人才。

高等职业教育以能力为本位，突出对学生的能力培养，这些能力包括收集和选择信息的能力、在规划和决策中运用这些信息和知识的能力、解决问题的能力、实践能力、合作能力、适应能力等。

现代高等职业教育培养的人才应具有基础理论知识适度、技术应用能力强、知识面较宽、素质高等特点。

高等职业艺术设计教育的课程特色是由其特定的培养目标和特殊人才的规格所决定的，课程是教育活动的核心，课程内容是构成系统的要素，集中反映了高等职业艺术设计教育的特性和功能，合理的课程设置是人才规格准确定位的基础。

本艺术设计系列教材编写的指导思想从教学实际出发，以高等职业艺术设计教学大纲为基础，遵循艺术设计教学的基本规律，注重学生的学习心理，采用单元制教学的体例架构使之能有效地用于实际的教学活动，力图能贴近培养目标、贴近教学实践、贴近学生需求。

本艺术设计系列教材编写的一个重要宗旨，那就是要实用——教师能用于课堂教学，学生能照着做，课后学生愿意阅读。教学目标设置不要求过高，但吻合高等职业设计人才的培养目标，有良好的实用价值和足够的信息量。

本艺术设计系列教材的教学内容以培养一线人才的岗位技能为宗旨，充分体现培养目标。在课程设计上以职业活动的行为过程为导向，按照理论教学与实践并重、相互渗透的原则，将基础知识、专业知识合理地组合成一个专业技术知识体系。理论课教学内容根据培养应用型人才的特点，求精不求全，不过多强调高深的理论知识，做到浅而实在、学以致用；而专业必修课的教学内容覆盖了专业所需的所有理论，知识面广、综合性强，非常有利于培养"宽基础、复合型"的职业技术人才。

现代设计作为人类创造活动的一种重要形式，具有不可忽略的社会价值、经济价值、文化价值和审美价值，在当今已与国家的命运、社会的物质文明和精神文明建设密切相关。重视与推广设计产业和设计教育，成为关系到国家发展的重要任务。因此，许多经济发达国家都把发展设计产业和设计教育作为一种基本国策，放在国家发展的战略高度来把握。

近年来，国内的艺术设计教育已有很大的发展，但在学科建设上还存在许多问题。其表现在优秀的师资缺乏、教学理念落后、教学方式陈旧，缺乏完整而行之有效的教育体系和教学模式，这点在高等职业艺术设计教育上表现得尤为突出。

作为对高等职业艺术设计教育的探索，我们期望通过这套教材的策划与编写能构建一种科学合理的教学模式，开拓一种新的教学思路，规范教学活动与教学行为，以便能有效地推动教学质量的提升，同时便于有效地进行教学管理。我们也注意到艺术设计教学活动个性化的特点，在教材的设计理论阐述深度上、教学方法和组织方式上、课堂作业布置等方面给任课教师预留了一定的灵活空间。

我们认为教师在教学过程中不再主要是知识的传授者、讲解者，而是指导者、咨询者；学生不再是被动地接受，而是主动地获取。这样才能有效地培养学生的自觉性和责任心。在教学手段上，应该综合运用演示法、互动法、讨论法、调查法、练习法、读书指导法、观摩法、实习实验法及现代化电教手段，体现个体化教学，使学生的积极性得到最大限度的调动，学生的独立思考能力、创新能力均得到全面的提高。

本系列教材中表述的设计理论及观念，我们充分注重其时代性，力求有全新的视点，吻合社会发展的步伐，尽可能地吸收新理论、新思维、新观念、新方法，展现一个全新的思维空间。

本系列教材根据目前国内高等职业教育艺术设计开设课程的需求，规划了设计基础、视觉传达、环境艺术、数字媒体、服装设计五个板块，大部分课题已陆续出版。

为确保教材的整体质量，本系列教材的作者都是聘请在设计教学第一线的、有丰富教学经验的教师，学术顾问特别聘请国内具有相当知名度的教授担任，并由具有高级职称的专家教授组成的编委会共同策划编写。

本系列教材自出版以来，由于具有良好的适教性，贴近教学实践，有明确的针对性，引导性强，被国内许多高等职业院校艺术设计专业采用。

为更好地服务于艺术设计教育，此次修订主要从以下四个方面进行：

完整性：一是根据目前国内高等职业艺术设计的课程设置，完善教材欠缺的课题；二是对已出版的教材，在内容架构上有欠缺和不足的地方，进行调整和补充。

适教性：进一步强化课程的内容设计、整体架构、教学目标、实施方式及手段等方面，更加贴近教学实践，方便教学部门实施本教材，引导学生主动学习。

时代性：艺术设计教育必须与时代发展同步，具有一定的前瞻性，教材修订中及时融合一些新的设计观念、表现方法，使教材具有鲜明的时代性。

示范性：教材中的附图，不仅是对文字论述的形象佐证，而且也是学生学习借鉴的成功范例，具有良好的示范性，修订中对附图进行了大幅度的更新。

作为高等职业艺术设计教材建设的一种探索与尝试，我们期望通过这次修订能有效地提高教材的整体质量，更好地服务于我国艺术设计高等职业教育。

前言
Foreword

　　面对各种各样浩瀚无边的知识海洋，如何能让学生有效吸取到景观设计专业课程必须要了解和掌握的知识，喜欢上这个专业课程，从而打开他们的设计思路和路径，在这个专业领域里真正的用心去学习并实践出更好的设计方法和设计构思为社会服务，为人们设计出更好的居住环境景观？

　　因此，我们有心在原有住宅小区景观设计教程基础之上，新编这本住宅环境景观设计教程。新书不仅增加更具设计美感的示意图片、更换施工图板块的图纸，而且增加了实际设计案例及成果展示。该新书不同的是，范围由原来相对局限的住宅小区景观设计，扩大到住宅环境景观设计，在板块内容上新增住宅周边环境对居住环境景观的外在影响和对人心理影响等方面因素，来拓展培养既具有实用性又具有创新性的人才。在二十几年的教学和实际的工程实践中，我总结了相应的设计经验，也发现了一些不足。景观设计是一门多元化、涉及知识面非常广泛的专业，它不仅要求学生具备必要的理论知识和基本的绘图能力以及手绘效果图和电脑制作的表现能力。更重要的是，我希望该新书能通过对理论更加深入的探究和对实际案例的整理及对教学的思考，在学生学到景观设计的构成元素和设计程序的基础知识后，让学生发挥自身的潜能，并结合理论与实践更好地设计出优秀的作品。

　　在此，我要感谢重庆朗廷园林设计公司提供的设计案例，更要感谢我大学的老师，四川美术学院副院长罗立老师、四川美术学院副院长郝大鹏老师、四川美术学院公共艺术学院副院长沈渝德老师。他们不仅帮助我开启了进入艺术殿堂之门，更带我进入了景观设计之门。他们在学术上的不倦追求和严格的传统师德更使我终身受用。同时，我要感谢书中作品里景观所属的业主和开发商，以及在编写此书的过程中参考的相关学科教材、著作的作者（见书后"参考文献"），书中所引用的一些作业所属学生，在此也都一并致谢！

　　由于水平所限，书中难免出现错漏或不妥之处，希望同行师长和广大读者指正。

目录
Contents

第一教学单元
住宅环境景观设计的基础 05

一、住宅环境景观设计基础理论 06
（一）景观设计的概念与原理 06
（二）景观设计的分类及其特征 06
（三）环境景观包含的基本要素 07
（四）环境景观设计的形式美 09
（五）住宅环境景观设计的基本原则 12
（六）住宅环境景观设计的目的 13
二、景观设计的基本程序 14
（一）设计前期 14
（二）方案设计 14
（三）初步设计（技术设计阶段）14
（四）施工图设计 14
（五）设计实施 14
三、景观设计制图表现基础 14
（一）常用工具及表现形式 15
（二）制图常规 15
（三）地形的测绘及表现形式 19
（四）植物、水面及石块表现方法 21
（五）平面图表现 23
（六）立面图表现 23
（七）剖面图表现 24
（八）透视图表现 25
四、单元教学导引 26

第二教学单元
住宅环境景观设计的要素 27

一、硬质环境设计 28

（一）硬质铺地部分 28
（二）树池部分 32
（三）阶梯部分 32
（四）山石造景部分 33
二、软质环境设计 35
（一）水体 35
（二）植物 41
三、住宅环境景观小品设计 49
（一）景观小品的功能 49
（二）景观小品的设计原则 49
（三）景观小品的具体内容及作用 50
四、住宅环境景观设施配置设计 62
（一）服务设施 62
（二）游乐设施 68
五、住宅环境景观照明、音响、色彩及门窗、护栏、墙垣等设计 70
（一）住宅环境照明 70
（二）住宅环境音响设计 72
（三）色彩设计 72
（四）门窗、护栏、墙垣 73
六、单元教学导引 78

第三教学单元
住宅环境景观设计的案例分析及成果展示 79

一、基地前期调研阶段 80
（一）基地调查和分析 80
（二）充分利用基地条件 83
二、案例分析及成果展示 83

（一）综合部分 84
（二）各区域详图及效果图 89
（三）植物 92
（四）项目概算 93
三、单元教学导引 94

第四教学单元
住宅环境景观设计的施工图表现 95

一、常见室外工程细部构造及施工图表现 96
（一）封面 96
（二）图纸目录 96
（三）设计说明 96
（四）材料列表 96
（五）景观图纸 96
二、景观工程构造及施工图表现 98
（一）地面铺装（图4-1至图4-3）98
（二）景墙与水体（图4-4至图4-6）98
（三）亭子（图4-7、图4-8）98
（四）廊架（图4-9、图4-10）98
（五）花池与花钵（图4-11、图4-12）98
三、景观绿化要求及施工图表现 110
（一）绿化设计说明（图4-13）110
（二）植物统计表（图4-14）110
（三）植物种植要求（图4-15）110
四、单元教学导引 112

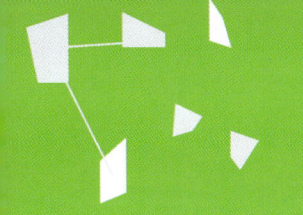

教学导引

一、教程基本内容设定

住宅环境景观设计是环境艺术设计和室内设计专业方向的一门综合性较强的专业课程，着重研究环境景观的功能、空间、硬质铺地、植物、色彩、照明、设施、小品等相关设计要素的组合。它是一门以空间审美为主导的、艺术与工程技术相结合的涉及面非常广泛，并与多门学科交叉并受到如建筑学、生物学、生态学、土壤学、植物学、材料学、美学等影响的学科，是环境艺术设计专业学生必修的专业课程。

根据高职高专培养应用型设计人才的目标要求，依照目前国内高校环境艺术设计课程教学大纲确立本教程的体例架构，以及本课程的特定性质和任务。本教程的基本内容设定为：

1. 住宅环境景观设计的基础：本单元以理论阐述为主，使学生了解住宅环境景观设计的基础知识和概念。

2. 住宅环境景观设计的要素：本单元的内容非常重要。通过对住宅环境景观设计中所涉及的具体内容的介绍，使学生清楚地了解景观设计中的具体要素，并获知其在环境中的造景作用。

3. 住宅环境景观设计的案例分析及成果展示：本单元的重点是让学生掌握住宅环境景观设计的方法和程序，并能够通过文本的形式予以展示。

4. 住宅环境景观设计的施工图表现：本单元的重点是使学生认知各种不同景观构筑物的细部构造及其施工图的表达形式。

以上述四个教学单元板块构成一个由设计原理、设计方法到艺术表现与具体实作由浅入深的教学进程，体现了教学循序渐进的科学性，吻合学生的接受心理。根据应用型设计人才的培养要求，应用性是本教程的重心。良好的实用价值和足够的信息含量，不仅能有效地应用于实际教学活动，同时还为环境艺术设计专业学生提供了进一步自学、深化、提高的空间。

二、教程预期达到的教学目标

住宅环境景观设计作为高职高专环境艺术设计和室内设计专业的一门重要课程，具有很强的综合性和应用性，专业理论及技术层面跨度很大，对培养学生的设计应用能力具有重要的作用，对学生形成综合的思维能力与设计技巧的基本专业素质有重要的影响。

本教程的总体教学目标就在于对学生的综合性应用能力的培养，通过对住宅环境景观设计的理论、原则、内容、方法的讲解与实际设计案例的剖析和方案成果展示，使学生能基本认识和把握住宅环境景观设计的基本原理和设计方法，着重研究环境景观的功能、空间、硬质铺地、植物、色彩、照明、设施、小品等相关设计要素的组合。培养学生的设计思维和设计表达能力；培养学生的综合设计应用能力与技术运作能力；培养学生独立、严谨的工作作风和团队意识；培养学生良好的职业道德，使学生走上设计工作岗位后，能具备较好的承担住宅环境景观设计项目的实际工作能力，与设计团队一起创造高质量的住宅环境景观场所。

三、教程的基本体例架构

本教程的基本体例架构与其他设计教材的重要差别在于其突出的教学实用性，贴近教学实践、贴近设计教学规律、贴近学生学习心理，在环境艺术设计和室内设计专业教学大纲规定的总学时的基础上，提供一个科学合理的教学模式与运行方法。在每个教学单元中，有明确的教学目标、具体的教学要求、教师及学生应把握的重点、单元作业命题、教学过程注意事项提示、教学单元结束时小结要点、思考题及课余时间练习题等。

根据教程要达到的总的培养目标及各教学单元目标拟定相关的作业命题，作业设置具有典型性和概括性，作业难度由低到高，使学生能通过几个教学单元的设计实践训练，培养学生在住宅环境景观设计方面应具备的综合运用能力。

四、教程实施的基本方式与手段

本教程实施的基本方式为任课教师讲授、优秀设计作品形象图示、现场调查及课题设计。

任课教师的设计理论讲授是一种传统的教学方式，但却是不可忽视而行之有效的教学方法，尤其对学生现代设计理念及原理的灌输有着重要的作用。教学效果的好坏全在于任课教师理论素养的高低和备课是否充分深入。本教程为任课教师的理论讲授提供了良好的基本框架。

住宅环境景观设计是一种视觉设计艺术，因而在教学中自始至终离不开具体的设计形象，为达到良好的教学效果，增强学生对设计原理的理解，直观式的教学手段必不可少。为此必须借用多媒体等现代教学手段，进行图像式教学，对国内外优秀的住宅环境景观设计作品进行分析讲解，将理论的基本原理与观念融于直观的设计作品之中，帮助学生直观形象地把握设计理论与设计方法技巧。

作业课题设计是训练学生动脑又动手的重要手段，是培养高职高专应用型人才实际设计能力的重要措施。学生从任课教师的理论讲授和图像式教学中获得的理解与感悟，必须通过做作业才能转化成设计的应用能力，而学生思维能力的培养和心智的成长往往在作业的实作过程中实现。因此，作业命题的设定、教师对学生的辅导及作业小结与交流，都是不可忽略的重要环节。

教学的实施尽量采用三段式教学法（即理论讲授、案例分析、快题设计）。教学尽量采用开放式教学法，教学过程中多安排现场参观，让学生直观地理解设计，增加感性认识。

本课程是一门实践性很强的课程，在教学中除了要求学生具备一定的理论基础知识外，还需要一定的感知认识，因而必须进行一定的现场调查。在教学中让学生多到施工现场熟悉施工工艺和装饰材料，才能做到有针对性地认知把握。

五、教学部门如何实施本教程

本教程作为一本应用性很强的设计教材，可直接有效地应用于设计教学活动，任课教师可依据它展开教学活动，从而使教学活动有章可循，纳入科学、合理、系统的轨道之中。学生有了本教程，可以做到对教学心中有数，从而进行自主地学习。对于设计教学管理部门来说，本教程的使用可以提供一种科学合理的教学模式，一种新的教学思路，将会有效地规范无序的教学活动与教学行为，有效地推动设计教学质量的提高，帮助设计教学管理部门实施有效的教学管理。可以以教程为依据检查任课教师的教学质量及学生的学习进度，对住宅环境景观设计这门课程的教学情况做出正确的评估。

六、教程实施的总学时设定

本课程考虑到与设计基础课及其他相关课程的衔接，同时考虑到与学生认识把握的心理素质的适应性，建议安排在三年级下期或四年级上期实施本教程，总课时设定为64学时左右。课时数可根据学生和本教学部门的实际情况适当地增加，但不得少于现有学时。

七、任课教师把握的弹性空间

艺术设计教学与一般教学的不同在于其有鲜明的个性化特点，必须尊重任课教师在教学活动中的创造性与灵动性，不能完全受到条条框框的约束。因而作为教学活动实施的教材必须预留一定的弹性空间，才有助于任课教师主动性的发挥。

本教程任课教师可以把握的弹性空间主要体现在以下三个方面：

首先，在住宅环境景观设计理论的阐述上，不求过全过深，选择重点，简洁明确，易于把握，没有过深的理论层面，重点确立在技术层面上。这样就为任课教师的讲课留下了相当大的空间，任课教师可以根据学生素质的高低，以本教程表述的基本理论为基础，在设计基本理论和观念的表述上做深浅适度的变化，融入任课教师自己独到的观点和见解，使设计教学活动不仅规范合理，而且充满生动活泼的个性化特色。

其次，在教学方法和教学组织方式上，本教程未做任何具体的规范，给任课教师留下了绝对的自由度。我们认为，当代艺术设计教师在教学活动中，不应该仅仅是知识的传授者、讲解者，还应该是组织者、引导者，因此任课教师根据自己的教学思维，采用符合培养目标的最恰当的教学方法和教学组织方式是十分重要的。我们建议任课教师应该综合运用多种教学方法、灵活多变的教学组织方式，最大限度地调动学生的学习积极性与主动性，引导学生去主动地获取，而不是被动地接纳。

最后，在每个教学单元作业命题上，我们除设定了作业命题外，还另外拟定了一些与命题相关联的思考题。目的是为任课教师提供一个思考选择的空间，便于任课教师根据本校专业设置的不同情况和学生素质的不同，选择最符合教学对象心理与潜质的作业命题，从而创造最佳的教学效果，培养出最具综合设计能力的高职高专住宅环境景观设计人才。

第 1 教学单元

住宅环境景观设计的基础

一、住宅环境景观设计基础理论

二、景观设计的基础程序

三、景观设计制图表现基础

四、单元教学导引

一、住宅环境景观设计基础理论

毋庸置疑，我们天生喜欢呼吸新鲜的空气，脚踏干爽清洁的地面，沐浴温暖灿烂的阳光；我们天生喜欢泥土的芬芳，河水的清澈，天空的蔚蓝和广阔；我们天生喜欢鸟语花香，绿荫环抱，充满生机的大自然。这就得出一个结论：美丽的自然环境是人类生活的美好愿望和最大追求。而景观设计正是围绕实现人类这一愿望展开的，善待自然就是善待人类、善待自己。

（一）景观设计的概念与原理

1. 景观和景观设计的概念

景观的英文是Landscape，是指风景、景色。从地理学上讲，景观就是某一个地方的、具有地方特色的风景，是供人们观赏、享受、利用的，并有利于身心健康的环境空间。简言之，景观就是一个以人为主体，并且人能直观感受得到的优美而舒适的第二自然的外部空间环境。

景观的概念在古代就已形成，沿用至今。在西方文艺复兴时期，建筑与园林的结合已经难解难分，在意大利巴洛克时期进一步辉煌。1850年后，西方进入城市化高潮时期，城市发展、社会生活的需要推动园林专业的发展，其主要内容是庭园、公共绿地以及城市绿地系统。1900年哈佛大学开设第一个风景园林学专业，以后其他学校相继创设。中国园林专业教育理念主要来自西方，在1951年我国开设园林专业后，竞相从事的内容也大致循此方向。

今天，景观的发展又出现一些新现象：第一，更强的生态意识渗入，以及景观生态学等学科的形成与融入；第二，多学科融贯思想更为明显；第三，地理信息系统方法直接用于园林的规划设计。美国伊恩·伦诺克斯·麦克哈格（McHarg）的《设计结合自然》为园林学发展做出了卓越的贡献。

从广义上讲，概括起来可将景观分为自然景观和人文景观两大类。自然景观是指具有欣赏价值的自然风景，比如四川的九寨沟和广西的桂林山水等。人文景观是指以一个时代、一个地区为代表的体现其文化、历史、生活习惯、宗教信仰、审美等氛围的文化风景，是以人文背景为主的有欣赏价值的人工景观，比如北京的故宫、长城，南京的明孝陵等。

景观设计是指我们利用各种自然资源或人工要素创造和安排环境空间以满足人们的需要和享受的手段。它是一门以空间审美为主导的，艺术与工程技术相结合的，涉及面非常广泛，并与多门学科交叉并受到如建筑学、生物学、生态学、土壤学、植物学、材料学、美学等影响的学科。

2. 景观设计的原理及目的

（1）景观设计的原理

① 以人为本，走向人文主义景观（Toward the Landscape of Humanism）。

② 回归自然，塑造"自然之建筑"（Architecture of Nature）。大自然是一切创造之母，景观学之真谛所在。

③ 崇尚科学，驾驭各种途径和方法，发挥艺术构思，最终要创造宜人的美的环境。

（2）景观设计的目的

① 保护人类生存的自然环境；

② 维持生态系统良性循环；

③ 集人类智慧之结晶，记录人类文明史的发展；

④ 最终为人类创造出满足其需要并可直观感受得到的优美宜人的健康环境。

（二）景观设计的分类及其特征

景观设计的种类很多，大致可以分为：传统园林景观、现代公园景观、住宅环境景观、单位环境景观、城市街道环境景观以及度假胜地的景观等。

1. 传统园林景观特征

传统园林景观大多是以亭、台、楼、阁、桥，以及花木、山石、流水等为主要元素构成的庭园。一般表现为具有中国古典园林风格的庭园。

传统园林大都讲究意境，追求一种诗情画意的艺术境界。喜用物化的形态表达一种思想、一种情感、一种愿望。造园的技法多利用绘画的美学理论把人和自然巧妙地糅在一起，采用藏与露、疏与密、虚与实、内向与外向、主次与重点、引导与暗示、起伏与层次、渗透、借景、蜿蜒曲折、高低错落，以及空间的对比等手法进行组景、造景。蕴涵了浓厚的中国传统文化内涵，体现的是步移景异的优美如画的丰富的视觉效果。

2. 现代公园景观特征

现代公园景观是以绿化为主

体的公共活动空间。但随着经济的发展，不同年代、不同文化类型的需求使公园的内涵发生了深刻的变化。公园的类别也开始细化，出现了许多不同类型的、不同主题的公园，如广场公园、儿童公园、游乐公园、运动公园、动物公园、野生植物公园、历史纪念性公园以及近年兴起的酒吧公园等。

在设计时要考虑公园的不同功能，比如广场公园就要考虑到集会和表演等功能，如此类型的公园会设计一个大型的下沉式广场，同时还会考虑表演者的演出舞台及更衣空间，以及散会后人流的去向和分散功能等。同时，优美的绿化环境和人文艺术景观都可以极大地满足人们休闲和聚会的要求。儿童公园是以儿童游戏为主的丰富多彩的活动乐园，是丰富儿童生活不可缺少的重要部分。其特征是：具有儿童趣味性，是适合孩子玩耍的游戏空间和自然、美丽、舒适、安全的环境。同时，因不同年龄阶段的孩子喜好不同，根据其不同的喜好和运动量配置不同的游具和色彩搭配，有针对性地设计不同年龄阶段孩子喜爱的活动空间，以激发孩子好奇的天性。在自然、美丽、舒适、安全的游戏环境中培养孩子爱护大自然的美德。游乐公园：现代生活对人们最大的冲击是快速紧张的生活节奏。繁忙的工作带来的是身心的疲惫和精神的紧张，因此，专门面向成人的现代游乐公园也就应运而生。游戏并不是孩子的专利，成人也一样天生爱玩，只是形式和内容、程度不一样。游乐公园是针对成人趣味游戏的游乐场所。运动公园：顾名思义就是以运动为主题的公共场所。

同样，动物公园、野生植物公园、历史纪念性公园以及近年兴起的酒吧公园等，虽然公园的内涵和主题不一样，但公园景观的基本功能大致相同。其共性是都有一个公共活动的场地和花木葱茏的生态环境，以及相配套的公共设施等。其个性因各个公园所要表达的主题不同，所表现的形式和活动内容以及行为范围就各有不同。

3. 住宅环境景观特征

住宅环境景观是以美化环境空间并满足人们健康生活的基本要求为目的的造景。住宅环境居民的年龄层次和文化修养存在差异，面对不同类型的人，应该建造适合于不同人群居住的丰富的环境景观。住宅的景观环境非常重要，它是住宅与户外空间的连接和过渡，也可以说是住宅空间的延续，是住宅环境不可分割的重要部分。

4. 单位环境景观特征

单位环境景观类别多且复杂，如厂矿、企业、学校、政府办公单位等。单位环境景观是具有个性特征并体现其风格的景观环境。单位环境景观设计首先要了解单位的工作性质及特征；其次，环境景观的设计还需与单位建筑主题的风格相吻合。如政府办公单位的环境景观的设计就一定要考虑其自身的严肃端庄性，在环境的处理上需采用严谨、简洁的设计风格。因此，体现单位的景观形象是单位环境景观的设计重点。

5. 城市街道环境景观特征

城市街道环境景观包括街道和街道两侧的景观。其特征是：沿着街道内外侧延伸，以列植为主要的景观设计手法。街道是城市的交通纽带，也是城市景观的重要组成部分，街道的组合构成了现代城市的整体景观，体现了一个城市的经济文化艺术的发展水平和繁荣程度。不同的街道也应因其定位不同而采用与之相符合的设计风格。比如：商业步行街的景观设计就应重点突出商业氛围的营造和步行街景观的特征；同样的，城市快速干道的景观设计就应考虑其隔离的作用；而以休闲娱乐为主的城市街道环境景观，比如重庆长江边的南滨路景观体现的就是以休闲、娱乐和观赏为主的城市街道环境景观的特征。

6. 度假胜地的景观特征

度假胜地的景观是以娱乐休闲为主，是体现优美的自然环境和人文环境的景观。大多数度假胜地选址都在风景宜人的自然风景区。因此，度假胜地的景观设计应在充分体现原环境自然风貌的基础上再加上后期的度假酒店的主题特征，并通过景观的营造，丰富其文化内涵以及休闲品位。

（三）环境景观包含的基本要素

环境景观包含的基本要素有气候、土地、水、植物、地形特征、场地容积空间、视景、构筑物、交通、居所等。

1. 气候

气候最显著的特征是年度、季节和日夜间温度变化。这些特征随着纬度、经度、海拔、日照强度的变化而变化，当地植被也随着这些气候影响因素的变化而变化。为完善区域气候状况，应综合所有自然要素对生态系统进行描述。气候直接影响人们的生理健康和精神状态，这反过来就对环境景观设计提出要求。所以我们在环境景观设计时对这一区域的气候特征做详细的调查是必要的。广义地说，地球可分为五个气候带：热带、南温带、北温带、南寒带和北寒带。虽然不能准确划分这些气候带的界限，并且每一气候带内部都有相当大的变化，但每一气候带都有自己显著的特征，且强烈地影响着所规划场地内的植物生长和建筑物以及在内居住的人们。所以，在每一个区域内的相对固定的气候条件下都应有一个相对合理的景观设计方案。

2. 土地

随着人口的增长以及环境污染的加大，人类活动的土地面积已越来越小。沼泽地和林地的面积也在减小，甚至有可能消失。这不是危言耸听。所以，科学地规划和合理地开发才能保护大自然留给子孙们的土地，并通过和谐的环境景观设计，在保存和融合当地最好的自然要素的基础上，创造出比原有景观更出众的自然和人工相结合的人文的、科学的、艺术的、自然优美的小区景观环境。然而，那些不恰当的规划和一些不合理的土地利用都会使我们的视觉和知觉感到不适。而且人类也许会为此付出昂贵的代价，甚至是灾难性的代价。因为大自然有一种不可抗拒的抵制土地破坏的力量。

3. 水

对大多数人来说，水面的粼粼波光可以引发人们内心的平静、激动和喜悦。这种感觉可以说是一种狂喜的呼喊或是无声的精神激荡。不仅是景色，而且水声也会激起人愉悦的感觉。我们似乎完全习惯了冰消的滴落声，溪流的飞溅声，湖水的拍岸声和水边的鸟鸣声，我们几乎可以用耳朵欣赏水景。水景是最美的景色。中国古典园林设计当中也有这么一句话：无水不成园。河流和水体是我们阅读景观的标点符号，为我们解释地貌和地质组成。由于水体是如此地令人向往，只有一定规模的水面和水边地供人享用；而且水体和水边地带的保护在环境规划中变得至关重要，所以，我们的景观设计在保护水体完整性的同时，应充分发挥临水陆地的最大功效。但必须经受三个条件的考验：一是所有相关的用途必须与水资源和景观相融洽；二是引水用途的强度不得超过土地和水域的承载能力或生物耐受力；三是应保证自然水系和人工水系系统的连续性。这样我们规划的水体风景质量和生态功能都能得以维持。

4. 植物

植物是有生命的活物质，在自然界中已形成了固有的生态习性。在景观表现上有很强的自然规律性和"静中有动"的时空变化特点。"静"是指由植物的固定生长位置和相对稳定的静态形象构成的相对稳定的物境景观。"动"则包括两个方面，一是当植物受到风、雨外力时，它的枝叶随之摇摆，花香也随之飘散。这种自然气候与自然动态给人以统一同步的感受。如唐代诗人贺知章在《咏柳》一诗中所写："碧玉妆成一树高，万条垂下绿丝绦。不知细叶谁裁出，二月春风似剪刀。"形象地描绘出春风拂柳如剪刀裁出条条绿丝的自然景象。又如高骈的诗句："水晶帘动微风起，满架蔷薇一院香。"是自然界的微风与植物散发的芳香融于同一空间，给人以自然美的感受。二是植物体在固定位置上随着时间的延续而生长、变化，由发芽到落叶，从开花到结果，由小到大的生命活动。如苏轼在《冬景》一诗所描述的"荷尽已无擎雨盖，菊残犹有傲霜枝。一年好景君须记，最是橙黄橘绿时。"园林植物的自然生长规律形成了"春花、夏叶、秋实、冬枝"的四季景象（指一般的总体季相演变）。这种随自然规律而"动"的景色变换使园林植物造景具有自然美的特色。

5. 地形特征

对于大多数住宅环境的土地利用规划，地形特征的描述是必需的，而这又是建立在地形测量的基础上。这些测量的地图不但可以利用等高线和高程点描述地表结构，而且可以显示地产分界、地表属性和地下特征，以及其他一些指定的补充信息。

6. 场地容积空间

在二维场地规划中，我们关注的是如何确定用地区域以及区域间和整个场地间的相互关系。为了进一步深化概念设计，要集中注意力于平面区域向空间的转化，也就是向场地容积空间转化。特别是每一场地容积或空间都需从尺度、形状、材料、色彩、质地和其他特征上进行考虑，以便更好地调节和表达此住宅环境的用途。一个优美的住宅环境不应只是按照僵硬的棋盘模式排列的参差不齐的建筑整合体，而更应该是不断演化的环境景观互联空间与建筑物的和谐组合。

7. 视景

视景是从一个给定的观察点所能见到的景致。通常一个绝佳的视景就足以成为选址的理由。对视景的恰当处理是最有待理解的视觉艺术之一。必须以敏锐的目光和洞察力分析和组合视景，以利用其中极为细微却又充满潜在生机的景观部分。同其他景观一样，视景也具有自己独特的景观特征：视景除了自身就是环境景观设计中的主体部分以外，还可以通过处理得以保护、弱化、缓和及强化；视景也会影响与之组合的那些区域景观的功能；视景也是可以细分的，可以分为一个个局部进行欣赏。但必须要注意的是，视景的处理一定要遵循兴趣集中的原则。在环境景观设计中，要么处于陪衬地位，要么处于主导地位。

8. 构筑物

大多数人工构筑物只对人类有意义。而且只有当人类去体验它们时才有意义。理论上讲，各类构筑物和工程都是由设计师构思的，作为与特定时间、空间、地点和功能相适应的最优设计物，一旦得以实现，杰出的构筑物都会以其艺术魅力而流传久远。比如流传至今的始建于中国明清时期的苏州园林中的亭、台、楼、阁以及爬山廊等。城市和历史景观中散布着这类杰作，许多甚至是作为弥足珍贵的文化标志遗产而续存下来的。现如今，我们还能去研究和学习它们实在是一件万幸的事情。构筑物都具有以下特点：构筑物都应该能够表达它们的功能和目的，并能更多地反映所处时代、空间、地点和使用者的文化；与天气、气候和季节相适应；应用或拓展了当时的技术和艺术；

与建成的环境和居住景观和谐融洽。社会发展的速度很快，楼盖得越来越高，建设的结果就是：不仅污染了我们身边的生活环境，而且污染了更大范围的陆地、海洋和大气。我们的期望是构筑物的设计建造能更多地考虑到自然环境的形式美，从而与我们的地球家园相融洽。

9. 交通

在各类交通格局及线路的导引下，我们得以接近、经过、环绕或上下穿越人工构筑物。正是在这种过程中，构筑物的蕴意和功能才得以展现。因此我们意识到：交通格局是任何规划项目的一项主要功能，它决定了感知视觉展现的速率、序列和特性。感知视觉展现的速率、序列和特性都是设计中需要控制的因素，而控制这些因素的主要途径之一便是控制住宅环境景观设计中交通的布局。

10. 居所

规划环境住宅和花园时，人类利用伟大的创造天分使其与自然景观相融合，而且有意识地使其植根于自然之中。取材于地球的房屋和花园是地球模式与结构的人为延展，并和自然过程充分协调。理想的居所是自然场景和景观环境的最佳组合。这一目标的实现程度可作为衡量居住成败以及居住者适应性、健康程度的标准。

因此，为了设计出环境更加优美、功能更加合理的环境景观，我们在了解以上的基本要素之外，还必须做好以下几点：勘察分析场地，适应地质构造，保护自然系统，结合土地现状，反映气候条件，依据自然要素，考虑人为因素，减少负面作用；强化最佳特点，发扬本土特色，整合各种要素，最终设计出宜人的环境景观。

（四）环境景观设计的形式美

1. 形式美的基本构成要素

环境景观设计中形式美的基本构成要素由点、线、面、体、色彩、材质纹理等组成。

（1）点

几何形态上所谓的点是无形态变化的，只有位置，没有面积。在视觉造型艺术上，出于其可视性的原因，我们可以看见，点同时也具有面的形态，它是一切形态的基础。夜晚在空中闪烁的星星、汪洋中的船都可称其为点。在视觉艺术中，点不仅具有位置，而且还相对地具有不同形状、不同色彩。由于其位置、形状、色彩不同，给人的感觉也不同。点可以归纳为两类：规则的点和不规则的点。因此，点在环境景观中的运用也无处不在，点可以是住宅环境中的一棵大树或小树，也可以是硬质铺地中的汀步或广场中的一把太阳伞等。（图1-1）

（2）线

几何学上的线是没有粗细的，只有长度与方向。在造型领域中，线是一种造型手段，是点移动的轨迹。线还可以界定出形态的范围。线在环境景观中运用得最普遍的表现形式是道路以及硬质铺地中的线形铺装等。（图1-2）

▲ 图1-1 点在景观设计中的运用

▲ 图1-2 线在景观设计中的运用

（3）面

面是线移动的轨迹，面具有长、宽两度空间。它在造型中所形成的各种各样的形态是设计中的重要因素。面是用线来界定的形，不同形状的面给人的感觉也不同。规则的面给人以简洁、安定、端庄之美；不规则的面给人以优雅、温柔、魅力之美，并让人富于幻想等。面在环境景观中的运用最为普遍。比如，硬质环境铺地中的广场以及住宅环境中的游泳池，还有环境中大面积的草坪等，都是面在环境景观中的常见表现形式。（图1-3）

（4）体

体是三维空间的形态，有长度、宽度和深度三个度量。体块的大小造型给人的感觉是不一样的。体块越大、越高、越实，重量感越强；相反，体积小、镂空多，越觉得轻巧。不同的体是构成环境景观的主体元素。比如，环境中的亭、台、楼、阁、柱、桥等都是环境景观中的体量构成关系。体块在环境景观中通常起围合和划分空间的作用。（图1-4）

（5）色彩

色彩一般分为冷色调和暖色调。色彩在环境景观中运用得当可以起到画龙点睛的作用。比如，在大面积的草坪上，远处有一组色彩亮丽的组合式雕塑，相信一定会使你的眼睛一亮。因此，我们在环境景观中对色彩的应用，需要注意的是远看色、近看形等特点。而且，色彩的应用还需注意环境中的主调色彩。在主调的基础上寻求变化，保持既有变化又不失整体风格的统一。（图1-5）

（6）材质纹理

不同的材质具有不同的特性。当然也包括不同的表面纹理。纹理是除了点、线、面、体、色彩之外的第六种可用的手法。不论采用的路面是柔性铺装，还是刚性铺装；不论是采用天然材料，还是采用单元型砌块，在富于想象力的设计者手中都会因材质本身的不同纹理而有很大的运用空间。同时，纹理与色彩和铺砌的手法密切相关，既可以通过天然材料自身的纹理达到设计目的，也可以通过人工加工处理制造出一定的纹理效果，丰富地坪和环境景观的视觉效果。（图1-6）

2. 形式美的基本表现形式

（1）变化与统一

变化与统一是构成艺术形式美最基本的法则，也是一切造型艺术形式美的最主要关系。变化是一种对比关系，是指在画面构成中讲究形体的大小、方圆等；在色彩上讲究冷暖、明暗、色相等对比关系；在设计中讲究画面肌理的光滑、粗糙、轻

▲图1-3 面在景观设计中的运用

▲图1-4 体在景观设计中的运用

▲图1-5 色彩在景观设计中的运用

▲ 图1-6 材质纹理在景观设计中的运用

▲ 图1-7 变化与统一在景观设计中的运用

▲ 图1-8 秩序美在景观设计中的运用

▲ 图1-9 尺度与比例在景观设计中的运用

重等对比关系；在线的运用上讲究粗细、曲直、刚柔等变化。对比关系的运用使画面生动活泼，但过分变化容易使人产生混乱感。因此，变化也应具有其统一性的特征。统一是一种协调关系。它可以把画面的各种变化因素统一在一个有机的整体中，使设计的画面具有一定的规律性。统一与变化的有机结合可以使画面既具有节奏感，又和谐统一。统一应该是整体的统一，变化应该是在统一前提下的有秩序的变化，是局部的变化。过于统一易使整体单调乏味、缺乏表情，变化过多则易使整体杂乱无章、无法把握。（图1-7）

（2）秩序美

古希腊大哲学家亚里士多德说："美的主要形式是秩序、均匀与明确。"秩序美在现今纷繁嘈杂的社会大环境中显得尤为重要。秩序美能带给人们心灵的宁静、单纯、整齐、踏实、方便、温馨、美好和充满人性的美感。秩序美在环境景观设计中体现在对称与均衡上。以中心线为基准，在上下或左右同形或同量，我们称之为对称。均衡在画面中是一种视觉因素的稳定，它是"异形等量"，人们可以从形的大小、色彩、位置、质感等方面来达到视觉上的力的平衡。对称往往使人产生拘谨、呆板的感觉，均衡也容易使人感到平淡。秩序美不仅综合了对称和均衡的美感，还体现了在多样性中的统一美感，在具体应用时可以在稳中求变化，求得视觉上的美感。（图1-8）

（3）尺度与比例

尺度与比例是形式美的基本表现形式。所有的美都和尺度与比例有关。所谓美感尺度就是给人们带来愉悦心情和美感的心理尺度。只有符合人们的活动尺度和心理尺度的空间才是具有美感的环境空间。正如约翰·O.西蒙兹说："按道理，所有的规划都必须适合我们的生理尺度的衡量。"人是环境中的主体，因此，人的行为活动都是有一定的规律并有一定的标准比例和尺度范围的。比例是指物体与物体、整体与局部之间的长短、高低关系，也是使构图中的部分与部分或部分与整体之间产生联系的手段。世界上的万物都有自己的比例关系，都符合自身的生理需求。在画面变化中人们往往要根据生理及心理的需求来创造适当的比例。最理想的比例是古希腊毕达哥拉斯学派所创造的黄金分割比例。合理的尺度与比例是达到视觉与心理美感的重要手段，在环境景观设计的运用中要以人的比例为中心。（图1-9）

（4）对比与调和

对比与调和法则是形式美中的重要手段之一。对比包括形的对比、色彩的对比、明暗的对比、质感的对比、虚实的对比、聚散的对比等。对比可产生醒目、生动的艺术效果，使画面富有生机，具有强烈的视觉冲击力。调和与对比相反，它是由视觉的近似因素构成的。

和运用得恰到好处，并与环境所要求体现的氛围相吻合，才能产生真正的美感。（图1-10）

（5）节奏与韵律

节奏是韵律的重复，即形象连续出现所形成的起伏。节奏讲究变化起伏的规律，没有变化也就无所谓节奏，它主要通过对形象的重复、渐次、交错、虚实等手段的运用来表现。韵律是节奏的变化形式，它赋予节奏以强弱起伏、抑扬顿挫的变化，韵律是节奏与节奏之间运动所表现的姿态。节奏具有机械美，富于理性；韵律具有音乐美，富于感性。节奏与韵律互为因果，在画面中节奏与韵律的表现可以通过图形的大小、主次、远近、强弱、虚实、曲直、明暗、疏密、高低等方面的组合来实现。（图1-11）

▲ 图1-10 对比与调和在景观设计中的运用

▲ 图1-11 节奏与韵律在景观设计中的运用

画面中线条、色彩、明暗的相似会产生一致的感觉，使人感觉和谐宁静。但如果调和过头，往往会使画面变得单调、平淡、缺少变化。所以，在具体的运用中可以使局部具有对比的因素，总体调和。也就是说，只有把对比与调

（五）住宅环境景观设计的基本原则

1. 生态优先的原则

人居环境包括室内居住环境和室外居住环境两个部分。室内居住环境方面：在住宅规划设计中的容积率、绿化率、建筑密度、建筑物间距、宜人居住面积，以及日照、通风、保温、隔热、隔音等技术规范指标，实际上也是生态指标。而现在光污染（玻璃幕墙和景观灯光造成的）和装修污染则是新出现的生态问题。室外居住环境方面：最重要的是居住区的大气、水体、土壤等的环境质量，尤其是植被的造氧、造荫功能的发挥。改善人居环境，最根本是要建立健全的生态结构。消除污染，这是人居环境建设要优先考虑的问题。

2. 可持续发展战略的原则

可持续发展战略主要指合理利用和节约使用资源，如节能、节水、节地等。节能，就是要有效采用建筑物的保温、隔热、通风等技术，并尽量利用太阳能、风能等无污染清洁能源。节水，指要大力推行中水系统、雨水收集系统，少建或不建大草坪等费水项目。节地，就是尽可能地在利用原环境地形地貌的基础上，营造出符合原生态的可持续发展的自然环境等。

3. 文脉传承的原则

文脉传承指既要保护好文化遗产，又要传承好文化脉络。一个城市的文化底蕴，不仅只是到历史典籍中去寻找，而是要体现在现存的名胜古迹、古建筑、风土人情、自然遗产等。因此，在环境景观设计中，可利用小品、雕塑以及设施等体现文脉传承的重要性。

4. 经济适用的原则

一方面要考虑建造成本的经济性，另一方面要考虑建成后使用维护成本的经济性。不搞奇花异草、名贵建材等华而不实的东西；不搞超越"宜人尺度""大而无当"的事，特别是住宅环境景观设计要把握好尺度，满足生态要求即可；不搞节外生枝、画蛇添足的事。要强调必须在"有用性"的前提下，兼顾"审美性"。

5. 以人为本的原则

"以人为本"是环境景观设计的前提。营造好的人居环境，目的是使人类能健康地生存繁衍、舒适安全地生活和工作。以人为本的重要性，可以体现在人居环境景观设计的许多方面。

（1）舒适、合理的空间布局。住宅环境景观设计应努力营造出空气清新、无污染、无噪音干扰，并且具有广阔的绿地、良好的视觉环境景观、户外活动场地等空间。比如，孩子有游戏场所，老人有休息娱乐空地，年轻人有运动跑步的空间等。设计要有针对性和代表性，还应考虑不同年龄层次和文化层次的需求问题等。

（2）方便性设计原则。住宅环境景观设计的方便性原则更多地体现在环境的内外交通，特别是对残疾人通道的设计，以及对景观设计中一些生活和娱乐设施的基本配套性方面的考虑等。如运动器械、垃圾箱、路灯以及具有文字规范准确、绘图记号直接、易于理解的路牌标识系统等。

（3）注意安全性考虑。住宅环境的安全性设计主要体现在环境安全和社会安全两方面。环境安全包括植物的选择、硬质铺装中材料的环保性以及针对老年人或儿童安全考虑的设计等。比如在住区内禁止栽种有毒的植物，以防小孩误食；水景旁应设有栏杆等安全设施；对尖锐的石头和铺装等也应进行安全处理，以免发生意外；在环境中的主公路或交叉路口，还应设置斑马线或减速带等。社会安全更多地体现在环境中的安保设施的配套上，比如红外线探头监控以及闭路电视监视系统等。

6. 勇于创新的原则

"创新是一个民族的灵魂"，住宅环境景观设计与其他设计一样需要创新，只有创新才能发展。随着社会的进步和发展，人们对居住生活品位的要求也越来越高。因此，在住宅环境景观设计中如能更多地考虑情感与文化品位的取向和创新，将能更好地使身居闹市的居民获得重返自然的愉悦感受，尽情享受人生的乐趣。

由此可见，环境景观设计不能只偏重于空间、形态、视觉、灯光等方面的研究，还应结合用地内的原有地形、地貌、气候、风向、传统、风俗、习惯以及周围的建筑等进行创作，并从自然生态的角度去研究和探索环境景观设计，使之保持生态综合平衡，生生不息，实现可持续发展。实现以人为本，天人合一，遵循自然，回归自然，人、社会、自然三者和谐相处。住宅环境景观设计的重要性不仅体现在科学性和艺术性上；同时，在进行住宅景观设计构思时，还应把自然环境（包括生态环境、气候环境和物理环境）和人文环境（包括艺术环境、社会环境和文化环境）二者相结合，使之协调发展，创造出健康和优美的绿色住宅环境。

（六）住宅环境景观设计的目的

随着近些年城市化进程的加速，城市的急剧膨胀，一方面，空气污染、水质下降、交通堵塞、工业和生活的废气、废水、废渣、垃圾等，使人居环境受到了严重的损害。另一方面，人们对自身居住环境质量的要求也越来越高。从各个不同规模的房地产商为了吸引购房客户，纷纷倾力打造自身住宅小区的环境景观来看，就可见其重要性。住宅环境景观设计的目的体现在以下五个方面：

1. 创造宜人的生态环境

约翰·O.西蒙兹说道，"从地球形成开始，所有生命逐渐形成一个相互作用的平衡的网络。这种生命构型或生物圈，产生于土壤、空气、火和水，包括我们的整个生存环境。"因此，宜人、自然的生态环境是人类居住环境的首选。

2. 提供优质户外活动空间

大部分居民都有晨练的习惯，住宅环境能有效地提供晨练的场所，如使居民能每天在自己居住的环境优美的绿地中、广场上、沿湖小径上运动、锻炼，对居住在小区的人们来讲，既可大大地节约时间，还能保持健康的体魄和充沛的精力。

3. 美化环境，陶冶情操

自然的、合理的、宜人的、艺术的住宅环境景观氛围可以美化居住区的环境，并陶冶居住区内人们的情操。让人们有越来越多的机会走进大自然、亲近大自然，用心倾听自然的声音，用心感受文化传递的内涵，陶冶人们的情操。

4. 绿化环境，调节气候

住宅环境是人们的主要生活区域，环境空气的好坏直接关系到居住区内人们的生命健康。合理的植物配置可以调节住宅环境的小气候，让人们有越来越多的机会走进大自然、亲近大自然，呼吸清新的空气，养心润肺，精神焕发。冬去春来，鸟语花香，让人们在变幻迷人的四季中享受自然。

5. 为防灾避难提供安全场地

住宅环境的开阔，可为人口集中的住宅提供安全的避难场地。在出现紧急情况如火灾、地震时，可作为疏散人群、保护居民安全的空间。

二、景观设计的基本程序

（一）设计前期

1. 了解并掌握各种外部条件和客观情况的资料。
2. 对现场进行调研，搜集信息。
3. 明确该工程的性质、甲方的要求、投资规模，以及使用特点等。

（二）方案设计

1. 进入方案设计过程。
2. 对住宅环境做功能、空间、交通流线、景点等的总体布局，并对其整体主题形象以及表现形式予以定位。
3. 方案设计阶段，设计者提供的设计文件一般包括：规划设计说明、景观规划总平面图、交通分析图、功能分析图、绿化分析图、总体鸟瞰效果图、重要景点透视手绘效果图、硬质铺装意向图、灯具示意图、环境小品设施示意图等。

（三）初步设计（技术设计阶段）

1. 初步设计是指方案设计的具体化阶段，是指在通过方案设计之后，进一步细化方案设计，在总体构思的基础上，进行合理的小品、设施、植物、灯光材质等的配置，并反复推敲，进行多方比较，最后完成初步设计任务。
2. 初步设计也是各种技术问题的定案阶段。它包括确定整体环境和各个局部之间的具体技术做法以及用材，合理解决各技术工种之间的矛盾以及编制设计预算等。
3. 初步设计阶段，设计者提供的设计文件一般包括：设计说明，各分区细化平面图、立面图、剖面图以及局部透视表现效果图等。

（四）施工图设计

1. 设计者对设计项目的最后决策。
2. 在技术设计的基础上，深化各种施工方案，并与其他专业充分协调，综合解决各种技术问题。
3. 施工图设计的文件要求表达明晰、确切、周全。设计者提供的设计文件一般包括：施工图纸说明、平面图、立面图、剖面图、节点大样详图和植物、设施、灯具、背景音乐、给排水、管网的布局图等。

（五）设计实施

1. 项目开始施工，为了达到理想的实施效果，设计师仍需进行跟踪服务。
2. 在此阶段设计师的工作应包括：向施工人员解释设计意图，进行图纸的技术交流；解答施工队提出的有关设计方面的问题；根据施工现场情况提供局部修改或补充图纸；协助业主进行材料的选样；施工结束后，会同质检部门和业主进行质量验收；最后出具完整的竣工图以便公司留底和与甲方结算等。

三、景观设计制图表现基础

景观设计表现形式是环境景观设计的基本语言，是每个初学者必须掌握的基本技能。学习制图表现形式不仅应掌握常用制图工具的使用方法，以保证制图的质量和提高设计的效率，还必须遵照国家或地区的有关规范进行制图，以保证制图的规范化。环境景观设计可沿用国家颁布的建筑制图中的有关标

图纸规格　单位：mm					
尺寸代号	纸面代号				
	A0	A1	A2	A3	A4
b×l	841×1189	594×841	420×594	297×420	210×297
c（图纸边框宽）	10	10	10	5	5
a（装订边框宽）	25	25	25	25	25

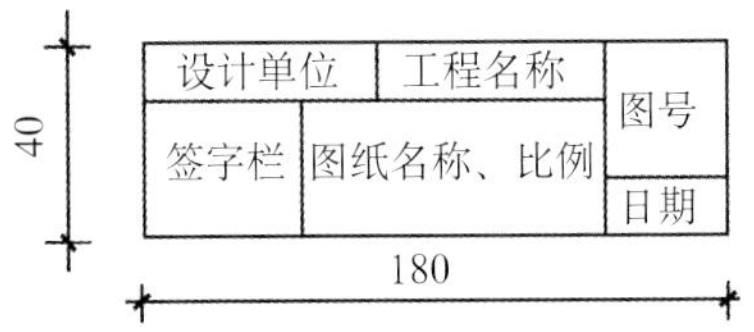

▲ 图1-12

准，如以《房屋建筑制图统一标准》GB/T50001-2010作为制图的依据。其次，每个学生除必须学会采用工具制图外，还必须具备手绘作图的能力。这样在以后的景观设计中将会使自己的设计意图表现得更加得心应手。

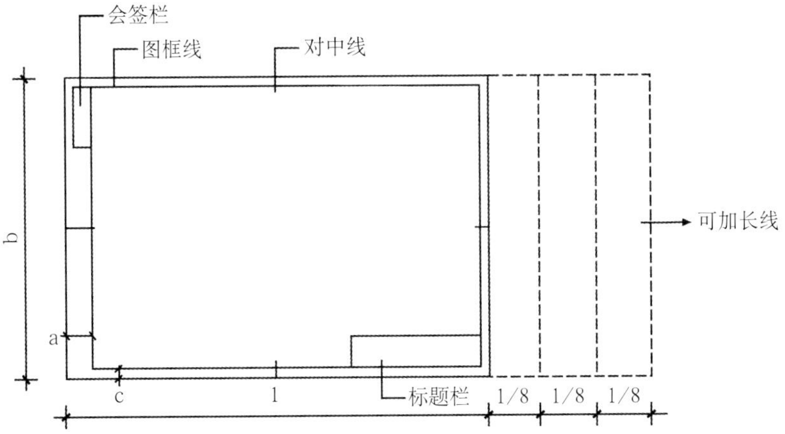

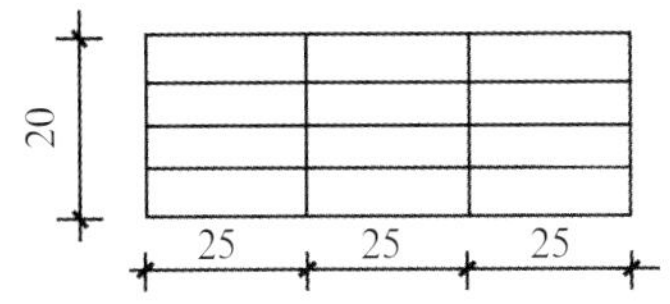

（一）常用工具及表现形式

1. 铅笔

铅笔是景观设计中比较常用的工具之一。其作用常是用来画底稿的，但也可以用来描线。铅笔通常有"B"和"H"之分，按其硬度不同可分为B、2B、3B、4B、5B、6B等，B数越大，表示铅笔越软、色越深、芯越粗；H数越大，表示铅笔越硬、色越浅。画底稿常用H或2H。这都是常见的表现形式。

2. 针管笔

针管笔是用来绘制图线的主要工具，除了用于正规的制图外，它更多地用于设计师勾画方案和草图。针管笔有0.1mm～2.0mm不同粗细的型号，可用来画不同粗细的线条。常用的有0.1mm、0.3mm、0.6mm、0.9mm，分别用来画标注的最细线、细线、中线、粗线。针管笔现有一次性和加墨水型两种。

3. 彩色铅笔

彩色铅笔是景观设计方案中常用的工具之一，常见的有12色和24色两种。它更多地用在方案草图中，能简单快捷地表现材质的特性和色彩等。

4. 马克笔

马克笔分油性和水性两种。颜色非常丰富，具有多种不同深浅的灰色和多种鲜艳的颜色，能方便快速地表达设计师的灵感和创意。

5. 其他工具

其他工具是指除了以上四种常见工具以外的绘图工具，有凸版、丁字尺、三角板、比例尺、蛇形尺、圆规、制图模板、曲线板等。

（二）制图常规

1. 图纸

为了便于图纸归类、存档和保存，国家标准对图纸的幅面大小规格和格式做了统一的规定。图1-12的图纸分横式和立式两种，一般情况下A0～A3图纸宜横式使用，在同一项工程的图纸中，不宜多于两种幅面。

2. 线形

各种线形的用法主要是根据设计者的意图而定，这不是绝对的，

线形用法图解		
标准实线	——————— b	平、立面图的外轮廓线；构配件的轮廓线；平面图中被剖切到的主要物体的轮廓线；图纸边框线。
中实线	——————— 0.5b	平、立面图的外轮廓线；构配件的轮廓线；平面图中被剖切到的主要物体的轮廓线，次于0.7b的图形线。
细实线	——————— 0.35b	尺寸标注线（尺寸线、尺寸界限等），次于0.5b的图形线。
粗实线	━━━━━━━ ≥ b	平、立面图的外轮廓线；构配件的轮廓线；图纸边框线。
折断线	———∧——— 0.35b	内容一样而不用画全时省略画法的断开线。
点划线	—·—·—·— 0.35b	中轴线；中心线；对称轴线，土地边界线。
虚线	— — — — — 0.35b	被遮挡的轮廓线；屋檐边界线；预定建造物的虚轮廓线。

▲ 图1-13

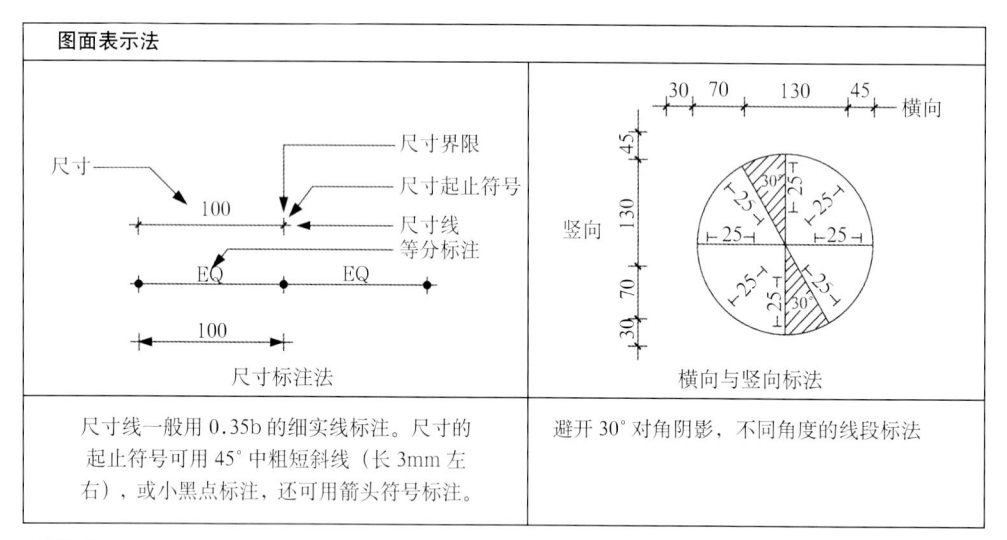

图面表示法	
尺寸标注法（含尺寸界限、尺寸起止符号、尺寸线、等分标注、EQ、100等）	横向与竖向标法（含30 70 130 45、横向、竖向，避开30°对角阴影）
尺寸线一般用0.35b的细实线标注。尺寸的起止符号可用45°中粗短斜线（长3mm左右），或小黑点标注，还可用箭头符号标注。	避开30°对角阴影，不同角度的线段标法

▲ 图1-14

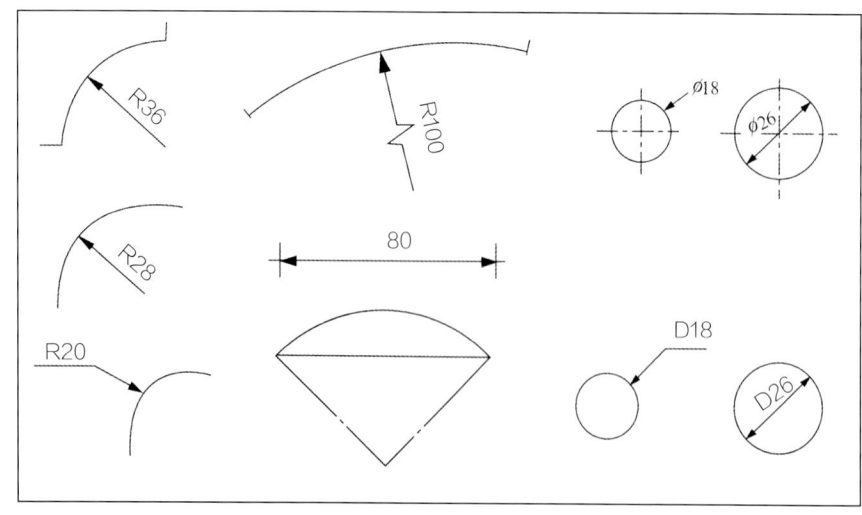

▲ 图1-15 长和角度的标注都应使用箭头起止符号

应根据具体的情况，学会用线的粗细来区别图形，清晰地表达图意。一般图形中的线形不超过4种，太多会扰乱视觉。以下线形图解只是一个大概的框架，仅供参考。（图1-13）

3. 标注和索引

（1）线段的标注

线段的标注包括尺寸线、尺寸界限、尺寸、尺寸起止符号和尺寸数字。常见的标注如图1-14。

（2）圆（弧）和角度的标注

圆或圆弧的尺寸常标注在内侧，尺寸数字前须加注半径符号"R"或直径符号"D"。比较大的圆弧尺寸线可用折断线，比较小的可用引线，如图1-15。角度的标注见图1-16。圆和圆弧的弧长和角度的标注都应使用箭头起止符号。

(3) 标高标注

标高标注有两种形式。一种是将某水平面如室内地面作为起算零点，主要用于个体建筑物图样上。标高符号为细实线绘制的倒三角形，其尖端应指至被注的高度，倒三角的水平引申线为数字标注线。标高数字应以"m"为单位，注写到小数点后第三位。另一种是以大地水准面或某水准点为起算零点，多用在地形图和总平面图中，但标高符号宜用涂黑的三角形表示（图1-17），标高数字可精确注写到小数点以后第三位。

(4) 坡度标注

坡度常用百分数、比例或比值表示。坡向用指向下坡方向的箭头表示，坡度百分数字应标注在箭头的短线上。用比值标注坡度时，常用倒三角形标注符号，垂边的数字常定为"1"，水平边上标注比值数字。（图1-18）

(5) 曲线标注

不规则曲线常用截距法（又称坐标法）标注。（图1-19）

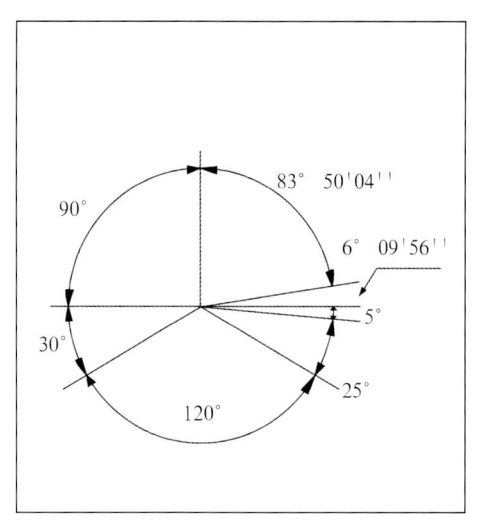

▲图1-16

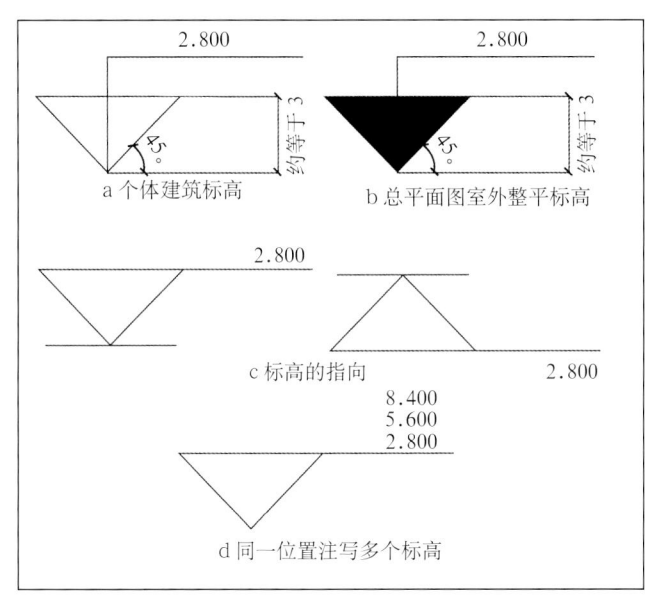

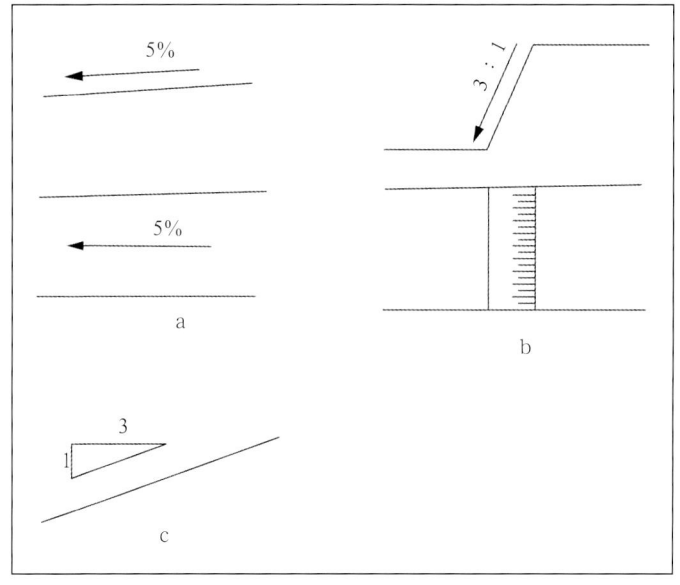

▲图1-17

▲图1-18

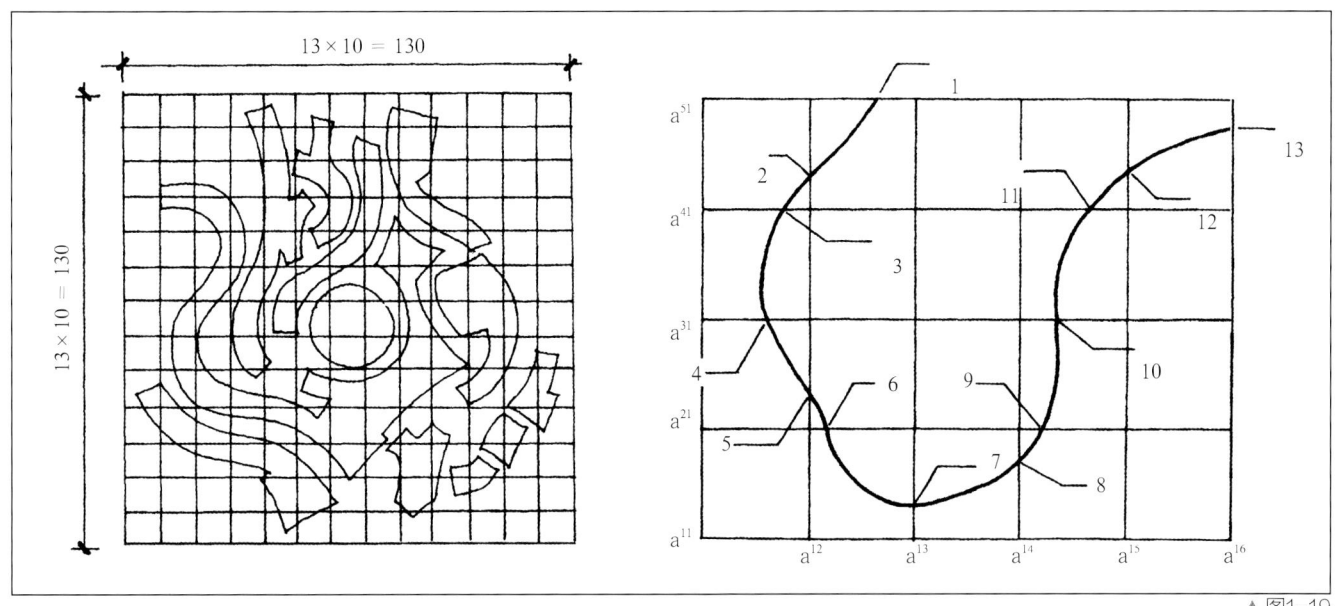

▲图1-19

（6）定位轴线

为了便于施工时定位放线、查阅图纸中的相关内容，在绘制景观建筑图纸时，应将墙体、柱等承重构件的轴线按规定编号标注。定位轴线用细点划线，编号应注写在轴线端部直径为8mm的细线圈内，横向编号应用阿拉伯数字（1、2、3……），从左至右顺序编写，竖向编号应用大写拉丁字母（A、B、C……），从下至上顺序编写。为了避免与数字混淆，竖向编号不得用I、O和Z等字母。（图1-20）

（7）索引

在绘制景观设计施工图时，为了便于查阅需要详细标注和说明的内容，应标注索引。索引符号为直径10mm的细实线，过圆心作水平细实线直径将其分为上下两部分，上侧标注详图编号，下侧标注详图所在图纸的编号。如果用索引符号索引剖面详图，应在被剖切部位用粗实线标出剖切位置和方向，粗实线所在的一侧即为剖视方向。被索引的详图编号应与索引符号编号一致。详图编号常注写在直径为14mm的粗实线圆内。（图1-21）

（8）引出线

引出线宜采用水平方向或与水平方向成30°、45°、60°、90°的细实线，文字说明可注写在水平线的端部或上方。路面构造、水池等多层标注的共用引出线应通过被引的诸层，文字可注写在端部或上方，其顺序应与被说明的层次一致。引出线的长度应尽量一样。（图1-22）

4. 比例的选用

环境景观设计中平、立、剖面图常常采用的比例如图1-23所示。通常一个图形只能用一种比例，但在地形剖面、建筑结构图中，水平和垂直方向的比例有时可不同。施工时应以制定的比例或标注的尺寸为准。

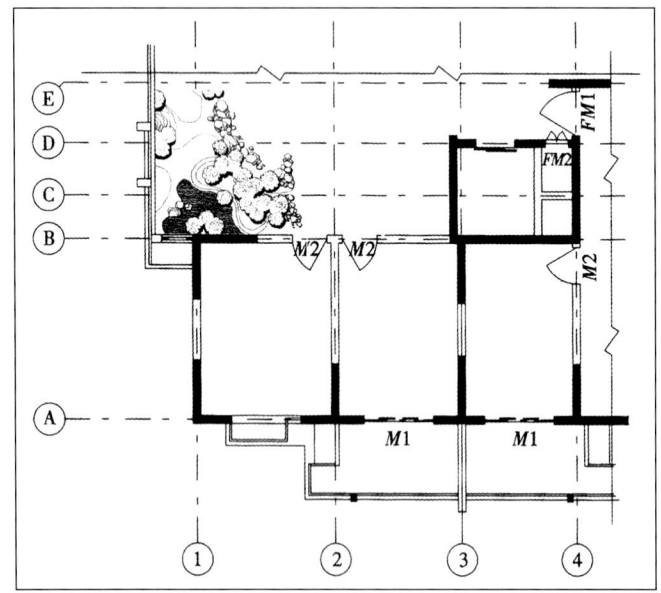

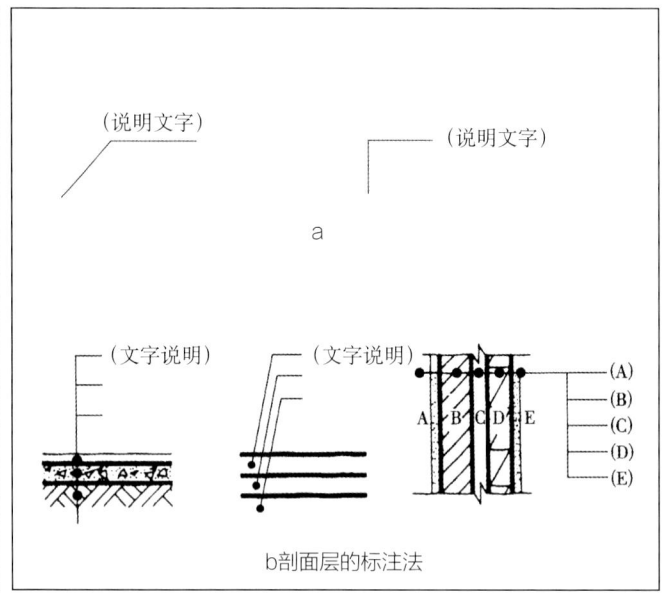

▲图1-20

▲图1-22

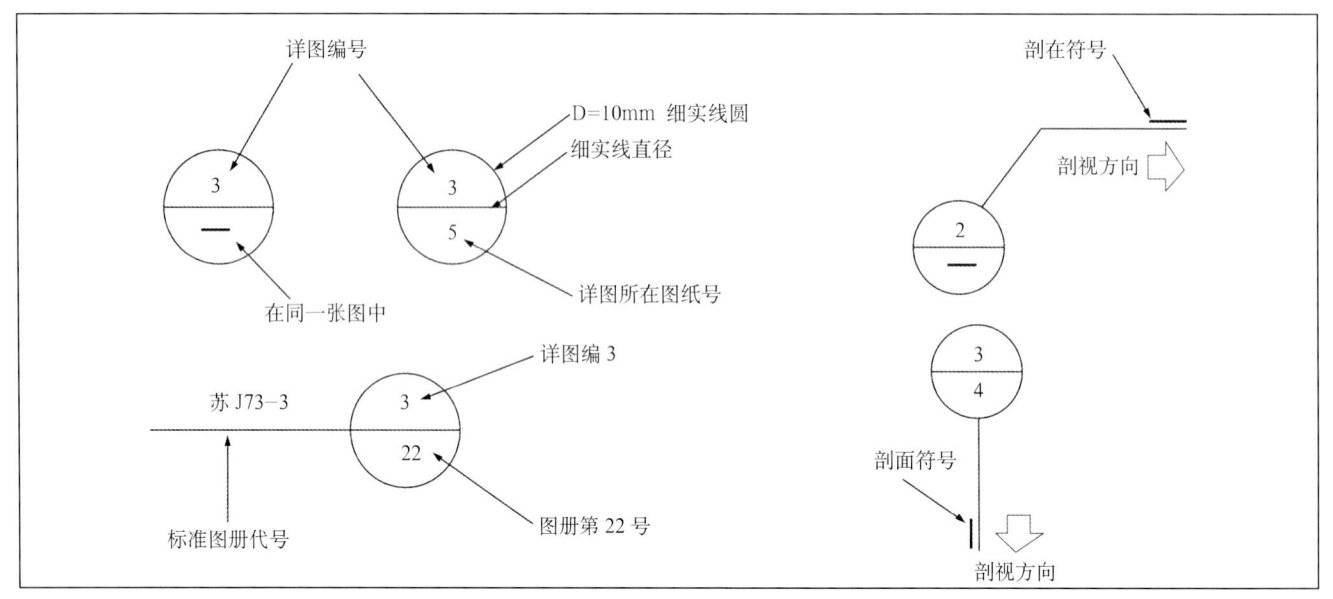

▲图1-21

常用比例	1:1	1:2	1:5	1:10	1:20	1:50
	1:100	1:200	1:500	1:1 000	1:2 000	1:5 000
	1:10 000	1:20 000	1:50 000	1:100 000	1:200 000	
可用比例	1:3	1:15	1:25	1:30	1:40	1:60
	1:150	1:250	1:300	1:400	1:600	1:1 500
	1:2 500	1:3 000	1:4 000	1:6 000	1:15 000	1:30 000

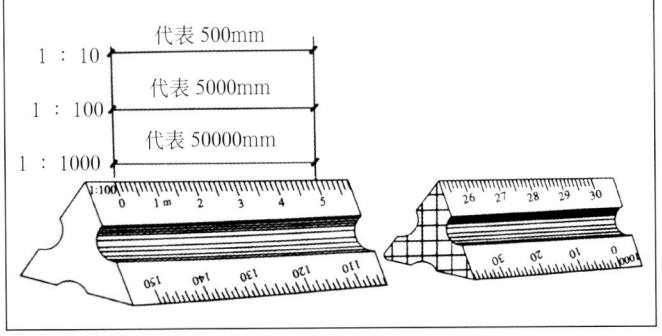

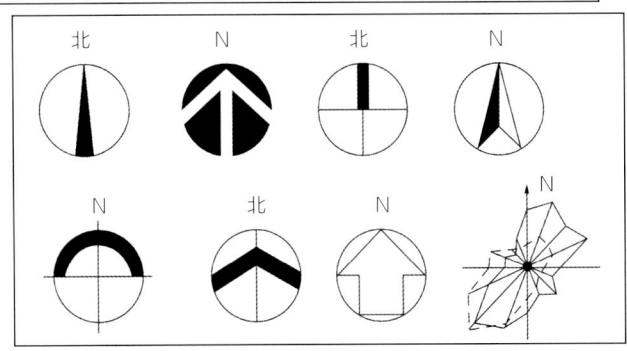

▲图1-23

▲图1-24

5. 指北针和风向频率玫瑰图

指北针是用来标明图纸方向的符号，圆的直径可根据图纸幅面而定。风向频率玫瑰图是根据当地多年平均统计的各个方向吹风次数的百分比制定的。风的吹向是由外向内绘制而成，实线表示全年风向频率，虚线表示夏季风向频率。（图1-24）

（三）地形的测绘及表现形式

1. 地形的测绘方法

地形测绘是一门学科，它包括测量、计算、绘图等方面的内容。在此仅介绍一种常用的测绘方法即网格法。网格法就是根据所测地形的范围、要求的精度和地形变化的程度确定网格中方格的尺寸为5、10、20，最大不得超过100。然后，进行网格角点的放样，并用水准仪测出每个角点的标高。再根据这些角点的标高，运用地形插值法确定出一些整数高程点，网格线上的整数高程点可直接用插值法计算，也可用能伸缩的等分尺量得。最后，结合实地情况将这些点连接成光滑的等高线。网格测绘法常用于测绘相对平缓的地形。

2. 地形轮廓线的表示方法

求作地形轮廓线实际上就是求作该地形的地性线和外轮廓线的正投影。图中虚线表示垂直于剖切位置线的地形等高线的切线，将其向下延长与等距平行线组中相应的平行线相交，所得交点的连线即为地形轮廓线。地形轮廓线的剖面图的做法较复杂，若不考虑地形轮廓线，则做法要相对容易些。因此，在平地或地形比较平缓的情况下可不作地形轮廓线，当地形较复杂时应作地形轮廓线。（图1-25）

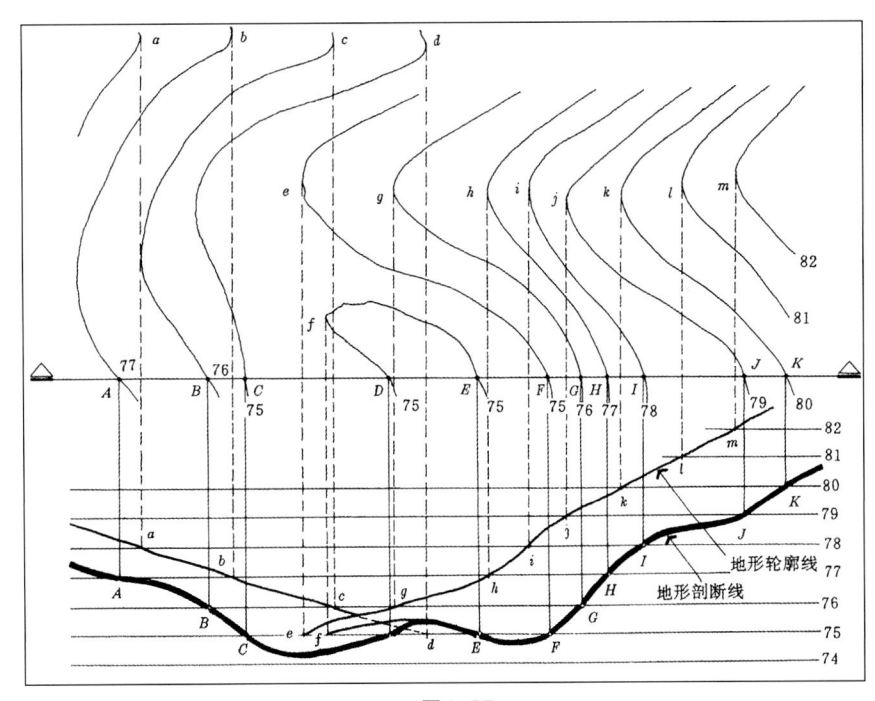

▲图1-25

3. 地形平面的表示方法

地形平面的表示主要采用图示和标注的方法。等高线是地形最基本的图示表示方法，在此基础上可获得地形的其他直观表示法。高程标注法则主要用来标注地形上某些特殊的高程。

（1）等高线法

等高线法是以某个参照水平面为依据，用一系列等距离假想的水平面切割地形后所获得交线的水平正投影图表示地形的方法。地形等高线图上只有标注比例尺和等高距后才能解释地形。一般的地形图中只用两种等高线：一种是基本等高线，称为首曲线，常用细实线表示；另一种是每隔4根首曲线加粗一根并注上高程的等高线，称为计曲线。有时为了避免混淆，原地形等高线用虚线，设计等高线用实线。在绘制等高线时，还需注意的是：首先等高线通常是封闭的，例如，地球大陆的海岸线是封闭的曲线；其次，等高线一般不会相互交叉，除非是基地中有非常陡峭的垂直面。（图1-26）

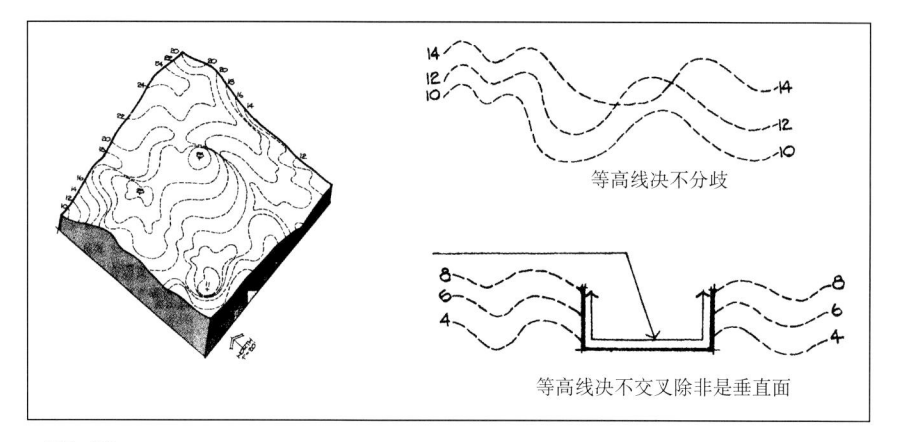

▲图1-26

（2）高程标注法

当需表示地形图中某些特殊的地形点时，可用十字或圆点标记这些点，并在标记旁注上该点到参照面的高程，一般标到小数点后两位。（图1-27）

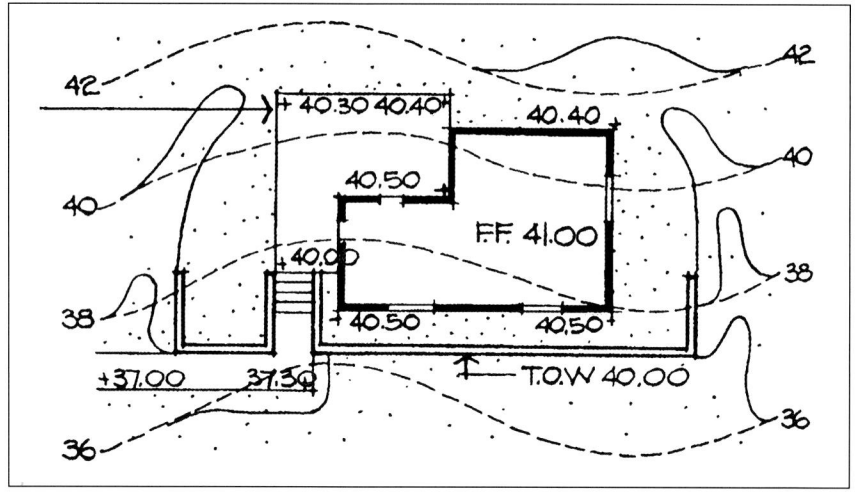

▲图1-27

4. 地形剖面图的表示方法

求作地形剖面图，应先根据选定的比例结合地形平面做出地形剖断线，然后绘出地形轮廓线，并加以表现，便可得到比较完整的地形剖面图。地形剖断线的画法：首先，在描图纸上按比例画出间距等于地形等高距的平行线组，并将其覆盖到地形平面图上，使平行线组与剖切位置线相吻合；然后，借助丁字尺和三角板做出等高线与剖切位置线的交点；最后，用光滑的曲线将这些点连接起来并加粗加深即可得到地形剖断线。（图1-28）

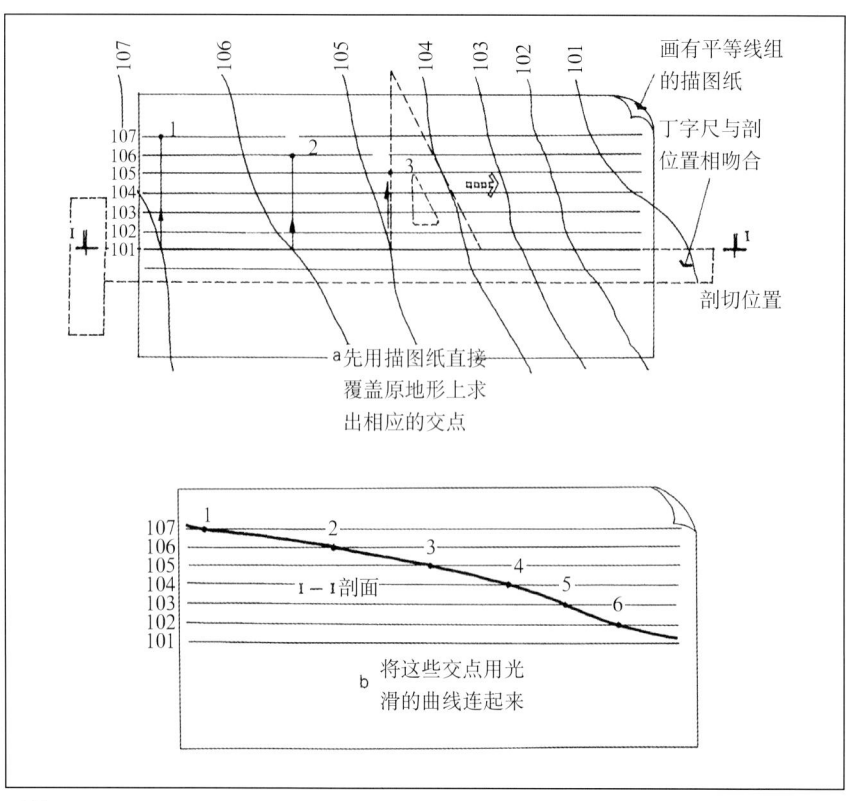

▲图1-28

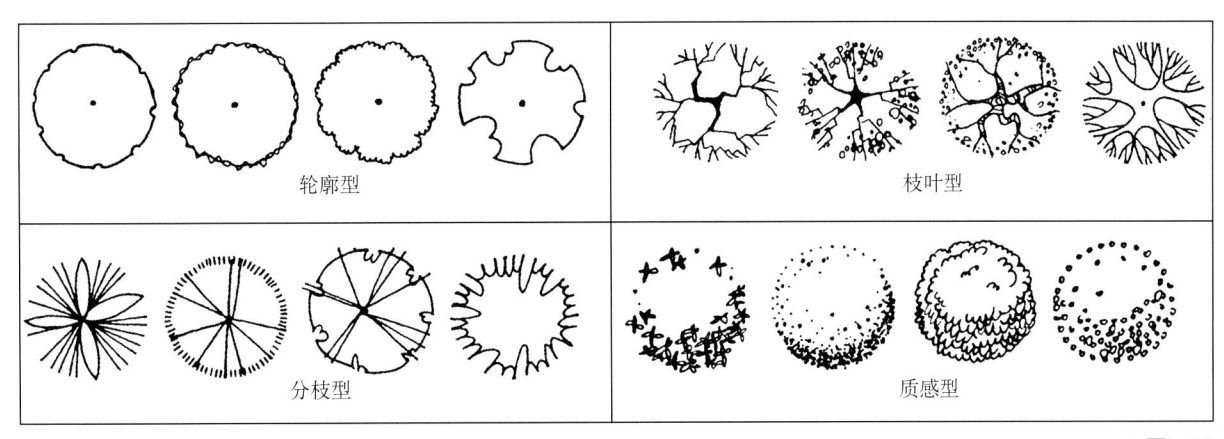

▲图1-29

（四）植物、水面及石块表现方法

景观设计中，同样的植物、水面或石块其表现手法可以是多种多样的，不同设计师有不同的设计风格，其表现手法也是多姿多彩的。下面主要介绍的是一些常用的表现方法。

1. 树木的表示方法

（1）树木的平面表示方法

树木的平面表示可先以树干位置为圆心，再以树冠的半径画外圈，加以表现，其表现手法非常多，表现风格变化很大。根据不同的表现手法可将树木的平面表示划分为下列四种类型。（图1-29）

① 轮廓型：树木平面可用线条勾勒出轮廓，线条可粗可细，轮廓可光滑，也可带有缺口或尖突。

② 分枝型：在树木平面中可用线条的组合表示树枝或树干的分叉。

③ 枝叶型：在树木平面中既要表示分枝，又要表示冠叶，树冠可用轮廓表示，也可用质感表示。这种类型可以看作是其他几种类型的组合。

④ 质感型：在树木平面中可用线条的组合或排列表示树冠的质感。

（2）树木的立面表示方法

树木的立面表示方法应和树木的平面表示方法相同，表现手法和风格应一致，并保证树木的平面与立面对应、树干的位置处于树冠圆的圆心。这样绘出的平、立（剖）面图才和谐。（图1-30）

2. 灌木的表示方法

灌木没有明显的主干，平面形状有曲有直。自然式栽植灌木丛的平面形状多不规则，修剪的灌木和绿篱的平面形状多为规则的或不规则但平滑的。灌木的平面表示方法与树木类似，通常修剪得规整的灌木可用轮廓、分枝或枝叶型表示，

▲图1-30

不规则形状的灌木宜用轮廓型和质感型表示,表示时以栽植范围为准。(图1-31)

3. 草坪的表示方法

草坪的表示方法很多如图1-32。

4. 水面的表示方法

水面的表示方法可采用线条法、等深线法、平涂法和添景法。前三种为直接的水面表示方法,后一种为间接的水面表示方法。(图1-33)

(1)线条法

用工具或徒手排列的平行线条表示水面的方法称线条法。作图时,既可将整个水面全部用线条均匀地布满,也可以局部留有空白或只局部画些线条。线条可采用曲线、波纹线、水纹线或直线。组织良好的曲线还能表现出水面的波动感。

(2)等深线法

在靠近岸线的水面中,依岸线的曲折作两三根曲线,这种类似等高线的闭合曲线称为等深线。通常形状不规则的水面用等深线表示。

(3)平涂法

用水彩或彩色铅笔平涂表示水面的方法称为平涂法。用水彩平涂时,可将水面渲染成类似等深线的效果。先用针管笔作等深线,然后再一层层地渲染,使离岸较远的水面颜色较深。

(4)添景法

添景法是利用与水面有关的一些内容表示水面的一种方法。与水面有关的内容包括一些水生植物(如荷花、睡莲等)、水上活动工具(船只、游艇等)、码头和驳岸、露出水面的石块及其周围的水纹线、石块落入湖中产生的水圈等。

5. 石块的表示方法

景观设计中常见的石块表示方法可用线条勾勒轮廓,并加之采用光线、质感的表现方法使石块的形象更加丰富。用线条勾勒外轮廓线时,因石块不同,其纹理也不同,有的圆浑,有的棱角分明,在表现时应采用不同的笔触和线条。比如,有的地方线条表现刚劲有力,有的地方线条表现圆润光滑。总之,外轮廓线要粗些,石块面的纹理可用较细较浅的线条稍加勾绘,以体现石块的质感和体积感。剖面上的石块,轮廓线应用剖断线,石块剖面上还可加上斜纹线。(图1-34)

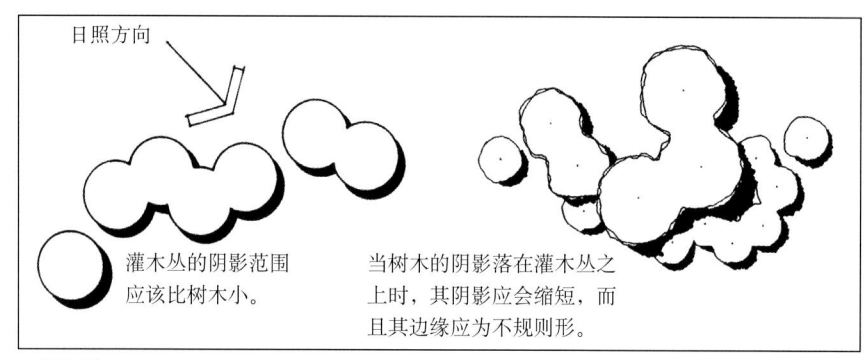

▲图1-31

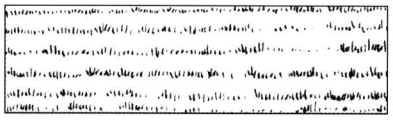

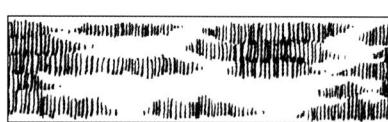

▲图1-32

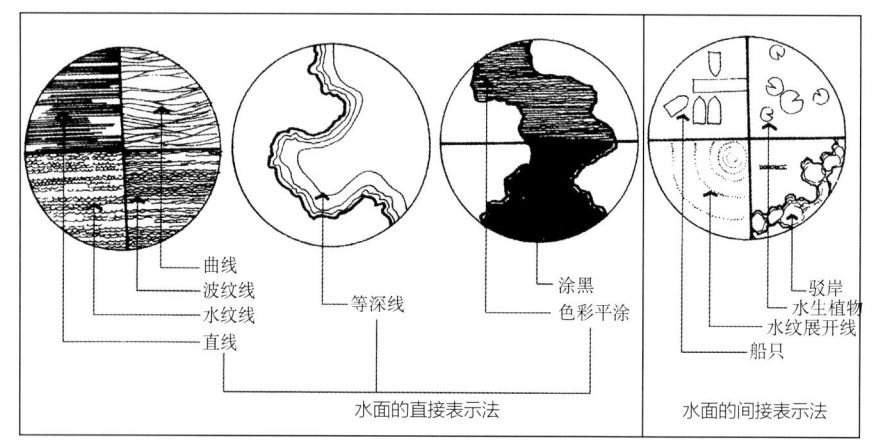

▲图1-33

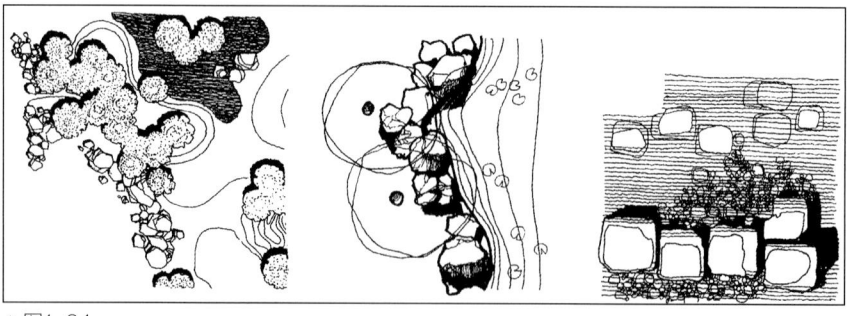

▲图1-34

（五）平面图表现

1. 景观设计平面图的表达内容

景观设计平面图是指景观设计范围内其水平方向进行正投影产生的视图。景观设计平面图主要是表达景观的占地大小、景观内建筑物和构筑物的大小、屋顶形式和材质，道路的宽窄及布局、室内场地的位置及长宽大小、绿化的布置及品种、水体的位置及类型、环境小品及设施的位置、地坪的铺装材料、地形的起伏及不同的标高等。环境景观设计由于需要考虑其区域位置和风向等，所以在景观设计平面图中需要标明指北针，有必要时还需附上风向频率玫瑰图。

2. 景观设计平面图的画法

（1）先画出基地的现状，包括周围环境的建筑物、构筑物、原有道路、其他自然物以及地形等高线等。

（2）依据"三定"的原则，画出景观设计中设计内容的轮廓线。"三定"即定点、定向、定高。"定点"即依据原有建筑物或道路的某点来确定新建内容中的某点的纵横关系及相距尺寸；"定向"即依据新的设计内容与原有建筑等朝向的关系来确定新设计内容的朝向；"定高"即依据新旧地形标高设计关系来确定新设计内容的标高位置。

（3）绘出景观设计内容大的划分线，如道路、建筑外轮廓、硬质铺装部分、室外场地部分、绿化、水体等。

（4）加深、加粗各景观设计内容的轮廓线，再按图线的粗细深浅分别完成其他细节内容。

（5）平面大轮廓绘出后，为了方便甲方或业主视图，设计师可在原平面图的基础上，使用彩色铅笔或马克笔涂色，比如：水体部分可涂上浅蓝色，草地涂上浅绿色，灌木涂上中绿色，树木涂上深绿色，木制休闲凳椅涂上浅黄色等，

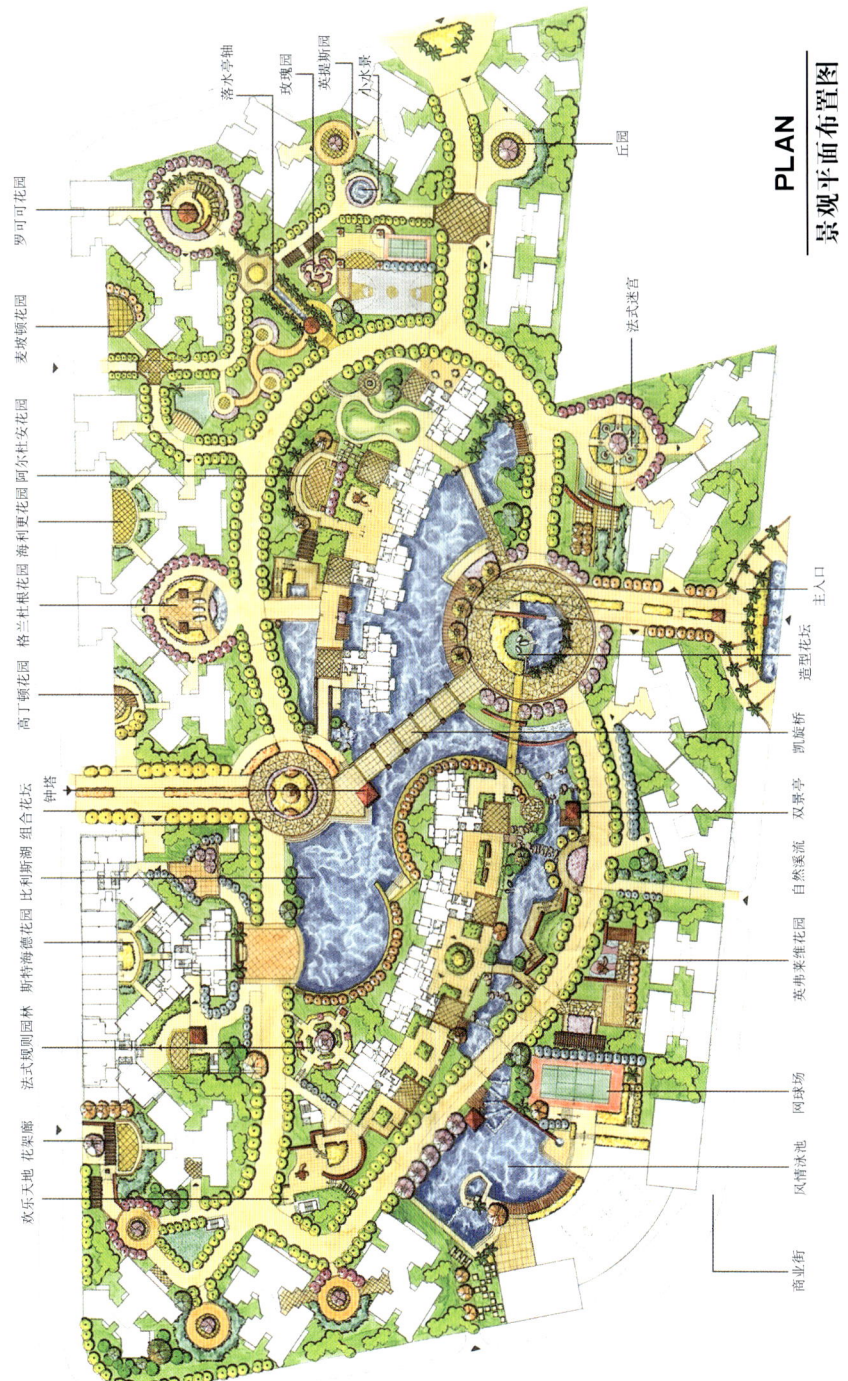

这样可大大增强设计师和甲方审图时的直观性。

3. 环境景观设计平面图图例（图1-35）

（六）立面图表现

1. 景观设计立面图的表达内容

景观设计立面图是指垂直于景观设计范围场地的水平面的平行面上景园的正投影方向的视图。景观设计的立面图如同建筑物的立面图一样，可根据实际需要选择多个方向的立面图。但是，景观设计的立面图有别于一般建筑立面图，一般建筑立面图是在于因地形的变化而导致其地平线不总是水平的。景观设计立面图主要表达的是景观设计内容物，如建筑物、亭、台、楼、

▲ 图1-35 景观平面布置图 PLAN

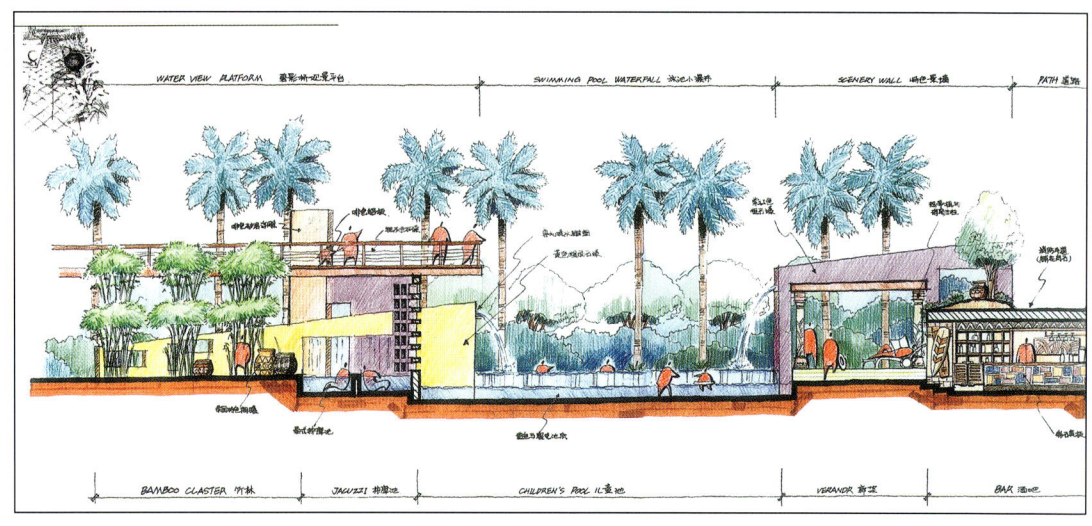

▲ 图1-36

阁、树木等水平方向的宽度和地形起伏的标高变化的高低等。

2. 景观设计立面图的画法

（1）依据景观设计平面图绘出其地平线（包括地形标高的变化）。

（2）依据景观设计平面图绘出其相应方位的立面图，确定建筑物或构造物的位置并绘出其轮廓线。

（3）完成树木及小品等的轮廓线。

（4）加深地坪剖断线，并依次按图线的粗细深浅完成各部分内容。其中地坪剖断线最粗，建筑物或构筑物等轮廓线次之，其余最细。

3. 环境景观设计立面图图例（图1-36）

（七）剖面图表现

1. 景观设计剖面图的表达内容

景观设计剖面图是指假想一个铅垂面剖切景园后，移去被切部分，其剩余部分的正投影视图。其主要表达景观设计范围内地形的起伏、标高的变化、水体的宽度和深度及其围合构件的形状、建筑物或构筑物的室内高度、屋顶的形状、台阶的高度等。（图1-37）

2. 景观设计剖面图的画法

（1）先绘出地形剖面图、剖切到的建筑物剖面。

（2）再绘出其他没剖切到的建筑物或构筑物的投影轮廓线。

（3）绘出树林等景物的投影轮廓线。

（4）加深地形剖面线，然后依图线的粗细深浅来完成各部分的内容。其中地形剖面线和被剖切到的建筑物剖面线最粗，其他轮廓线次之，树木及其他小品等内容线最细。在景观剖面图中，涉及水体时，应绘出其水位线。

3. 环境景观设计剖面图图例（图1-38）

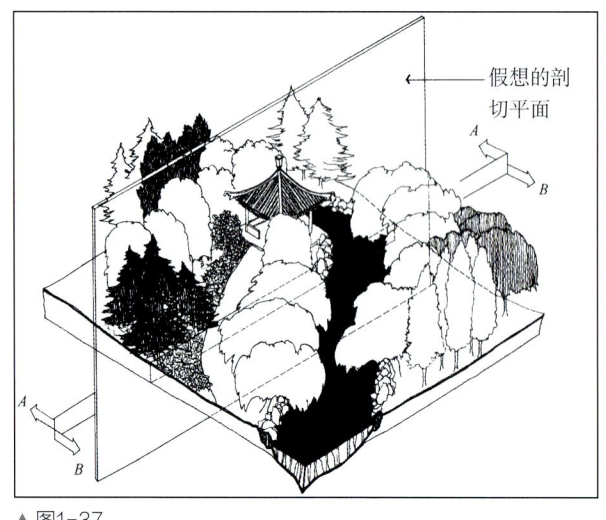

▲ 图1-37

▲ 图1-38

（八）透视图表现

1. 景观透视效果图的表达内容

景观透视效果图是指一种将三维空间的形体通过透视原理转换成具有立体感的二维空间画面的绘图技法。它能使设计师预想的方案得到真实的再现。景观设计透视效果图也是景观设计师在景观设计中用得最普遍的表现手法。由于平、立面图较抽象，设计内容不易明确、直观地反映出来，因此，需要将平面图上的内容转换成三维的透视图。这样就能直观、逼真地反映设计意图，便于设计师与甲方或业主之间的沟通与交流；还能展示设计内容和效果，有助于设计者对空间形态和体量尺度的把握和做深一步的推敲，使设计得到不断的改进和更好的完善。

2. 景观透视效果图的画法

景观透视效果图的画法源于几何的透视制图法则和相应的美术绘画基础。透视效果图具有消失感、距离感，相同大小的物体呈现出有相应规律的变化，比如：随着画面远近的变化，相同的体积、面积、高度和间距呈现出近大远小、近高远低、近宽远窄和近疏远密的特点。透视效果图常见的种类有：一点透视（又叫平行透视）。它的表现范围广，纵深感强，适合于表现规整、严谨的环境景观空间与建筑形体，适合于规则式园林及主轴分明的广场空间，画法简单。缺点是在空间的高宽比较小时显得呆板些（图1-39）；二点透视（又叫成角透视）（图1-40）。它的表现范围更广，适合表现比较活泼自由的环境景观空间与建筑物体。缺点是画法比一点透视复杂些，若角度选不好，易产生局部变形；鸟瞰图（又叫俯视图）就是用高视点透视，像小鸟一样俯瞰全景的角度，根据透视原理，绘制某一区域的立体效果图；鸟瞰图的特点是表现范围很广，一般用于表现区域地形地貌上的建筑和景观设计的整体设计效果（图3-16）。

3. 手绘透视效果图图例（图1-41）

4. 电脑透视效果图图例（图1-42）

▲图1-39

▲图1-40

▲图1-41

▲图1-42

四、单元教学导引

目标

通过本单元的教学，希望学生能对景观设计和住宅环境景观设计有个初步的认知印象，并认知它们之间的联系性，区别之处在哪里，各自的侧重点在哪里，住宅环境景观设计的基本原则是什么，以及住宅环境景观设计的目的是什么。了解景观设计的基本程序有哪些方面，并通过对景观设计绘制工具、制图规范以及景观设计所涉及的地形、山石、水体、植物，以及平、立、剖面图与效果图的表现形式的了解，从而对住宅环境景观设计所涉及的内容有一个大轮廓的认识。再通过作业的完成，注重对方案设计表现能力的培养，为下一单元的学习打下坚实的基础。

要求

课堂系统的理论讲授，辅以多媒体教学，并有针对性地对学生进行作业辅导。要求学生掌握环境景观设计的基本理论知识、基本设计程序、制图规范和环境景观设计的表现形式。注重对方案设计的表现能力的培养。

重点

通过此单元的学习，首先，使学生对环境景观设计基础理论有较深的认识；其次，必须要求学生认识制图规范的重要性；最后，希望学生重视临摹景观设计表现图，并在实践中学会举一反三。

注意事项提示

因为此单元教学是大量的理论讲授及图片欣赏，所以课程教学过程，可能会相对比较枯燥。希望教师能通过互动的上课形式，比如教师提问等形式，提高学生主动参与的积极性。

小结要点

本单元的学习是了解和掌握住宅环境景观设计的基础，通过景观设计和住宅环境景观设计概念及其基本设计原则的导入，让学生获知二者之间的相同性和差异性，同时再通过对景观设计基本程序的介绍，让学生较为全面地了解到学习住宅环境景观设计所会涉及的内容，为下一个教学单元住宅环境景观设计的要素做好准备工作。

为学生提供的思考题：

1. 何谓景观和景观设计？
2. 何谓视景及其特征？
3. 景观设计的原理是什么？
4. 何谓平行透视？
5. 何谓成角透视？
6. 形式美的构成要素有哪些？
7. 形式美的基本表现形式有哪些？
8. 环境景观设计的基本原则有哪些方面？
9. 景观设计平面图的绘制中，"三定原则"具体指的是什么？
10. 住宅环境景观设计的目的是什么？

学生课余时间的练习题：

在网上收集其他住宅环境景观设计的平面图、立面图、剖面图、效果图各5幅。

为学生提供的本教学单元参考书目及网站：

ABBS建筑论坛
中国建筑与室内设计师网
罗力 编著. 环艺表现技法[M]. 重庆：西南师范大学出版社
广州市科美设计顾问有限公司 编著. 景观设计与手绘表现[M]. 福州：福建科学技术出版社
窦世强，刘卫国 编著. 环境艺术设计制图[M]. 重庆：重庆大学出版社
王晓俊 著. 风景园林设计[M]. 南京：江苏科学技术出版社
杨北帆，张斌 编著. 景园设计[M]. 天津：天津大学出版社

作业命题：

1. 根据教材上的图例或其他资料，临摹景观设计平、立、剖面图各3幅。
2. 根据教材上的图例或其他资料，临摹景观效果图（手绘和电脑效果图各1幅）。

作业命题的缘由：

让学生重视住宅环境景观设计的表现形式。

命题作业的具体要求：

1. 所有临摹的作业均需绘制在A3幅面的绘图纸上。
2. 所有的作业需装订成册，并自行设计封面。
3. 封面须注明单元作业课题的名称、班级、任课教师的姓名、学生的姓名以及日期等。

第 2 教学单元

住宅环境景观设计的要素

一、硬质环境设计

二、软质环境设计

三、住宅环境景观小品设计

四、住宅环境景观设施配置设计

五、住宅环境景观照明、音响、色彩及门窗、
　　护栏、墙垣等设计

六、单元教学导引

任何环境景观的美都是整体的，也是细节的。正如建筑的美需要细节体现出来一样，住宅环境的美也是由不同的细节所组成的，体现着一定设计风格和人文特征的综合体。山石、水景、植物、建筑被称为古典园林造园四要素。但是，随着现代生活物质和精神文明的提高，人们对环境景观的要求已变得越来越多样化。因此，现代的环境景观设计除了古典造园的基本要素之外，还增加了多样园路铺地、树池、景观小品、服务和游乐设施以及音响等的设计要素在里面。在设计的时候，为了能更加方便地划分平面以及理清环境景观设计要素的功能性作用，我们把住宅环境景观设计分为了五个大类：硬质环境设计；软质环境设计；住宅环境景观小品设计；住宅环境景观设施配置设计；住宅环境景观照明、音响、色彩及门窗、护栏、墙垣等设计。具体分析后详。

一、硬质环境设计

硬质环境设计从字面意义上讲主要是指环境景观中，材质比较硬的、可变性比较小的构筑物。比如：硬质铺地部分、树池部分、阶梯部分、山石造景部分等造景要素。

（一）硬质铺地部分

住宅硬质环境铺地是指用各种材料进行的地面铺砌装饰，包括住宅环境中园路、广场、活动场地、建筑地坪等。硬质环境铺地在住宅环境中具有重要的作用。

1. 硬质环境铺地的作用

（1）具有分隔空间和组织空间，并将各个绿地空间连成一个整体的作用。

（2）具有组织环境道路交通流线和引导景观视点的作用。

（3）为居民提供一个良好的休息、娱乐、运动的场地空间。

（4）住宅环境的铺地可以直接创造优美的地面景观。

2. 硬质铺地的艺术要素

其实，所有大自然中的美丽环境几乎都是由点、线、面、体和不同材质的纹理（又称肌理）构成的。比如：住宅环境中的一棵大树，相对整个住宅环境来讲，树就是住宅环境中的一个点，而园路就是线，那么游泳池就是住宅环境中的面，小孩玩耍的迷宫隔断景墙就是体的构成形式。同时，再配上构筑物自身的不同纹理效果和丰富多彩的色彩搭配，整个住宅环境就显得那样的美观而和谐。

3. 硬质铺地的常见类型

（1）现浇混凝土路面

现浇混凝土路面：是指用水泥、粗细骨料（如碎石、卵石、沙等）和水按一定的配合比搅拌均匀后现场浇注的路面。这种路面整体性好，耐压强度高，养护简单，便于清洁。在住宅环境景观中，多用于主干道和车干道。为增加路面色彩变化，可在拌和混凝土时掺入不溶于水的无机矿物颜料（图2-1），而且在混凝土初凝之前还可以在表面进行纹样加工。

（2）沥青混凝土路面

沥青混凝土路面：是指用热沥

▲图2-1

青、碎石和沙的拌和物现场铺筑的路面。与混凝土路面相比，沥青混凝土路面耐压强度和使用寿命均有所降低，但沥青混凝土路面具有路表面无接缝、易于清洁、行车时路面尘土比较少、舒适、振动小等优点，而且颜色较深、反光小，易于和深色的植被相协调。可用于住宅环境的车行主干道、次路以及住宅环境的人行步道等。（图2-2）

（3）砖铺地

砖铺地：砖材常见有广场地砖、青砖和红砖之分。住宅环境铺地多根据不同的设计风格选用不同的砖材。青砖和红砖铺地施工简便，可以拼成各种图案，以席纹及同心圆弧放射式排列铺地居多。但其耐磨性差，且容易吸水，所以不可用于排水不良以及冰冻严重之处，坡度较大和阴湿地段也不宜采用，因其易生青苔而引起行走不便。目前已有彩色水泥仿砖铺地，效果较好。广场地砖属陶瓷砖，其尺寸一般比黏土砖小而薄，形状、规格很多，也有不同的色彩变化。可铺成各种图案，风格明快华丽。常用于广场、道路、水池、花坛周围等集中式铺地。（图2-3、图2-4）

（4）天然石材铺地

天然石材铺地：天然石材包括常用于环境景观中的花岗岩石材、砂岩石材及天然鹅卵石等。

① 花岗岩石材可以按需要切割成不同规格，如600mm×900mm、600mm×600mm、600mm×300mm、300mm×300mm或100mm×100mm等不同规格的板面，并可以根据环境需要考虑表面是否拉毛以防止行人滑倒等。（图2-5）

② 砂岩石材包括我们常用的青石、红砂石、黄杨木纹板、千层石以及虎皮石等。青石、红砂石以及黄杨木纹板等也可以根据现场需要任意切割成不同规格，常用的规格有：600mm×300mm、

▲图2-2

▲图2-3

▲图2-4

▲图2-5

300mm×300mm或300mm×150mm等。因其质地比较松脆，所以我们应根据不同的环境，采用不同的厚度。常见厚度为25mm、30mm、40mm、60mm、80mm等（图2-6、图2-7）。千层石以及虎皮石等因其自身的色彩、纹理非常有特色而在环境景观中大放光彩（图2-8）。

③ 天然鹅卵石：随着人们对自然强烈渴望的心情与日俱增，几乎所有的天然鹅卵石都在环境景观中大放异彩。比如：尺寸30cm～50cm的鹅卵石可以被设计师放在水池边以供人们休息坐卧之用；尺寸20cm~30cm的鹅卵石可以用来在小溪中作挡水石或分流石等；尺寸15cm～20cm的可以用来放在水池里既可遮盖尘土又可起到美观的作用；尺寸2cm～5cm的可以用来铺砌路面，并利用鹅卵石的不同色彩构成不同的美丽图案，还可以起到健身步道的作用，当人们脱下鞋子在健身步道上走时，圆硬的卵石可以起到按摩脚底的作用（图2-9）。当然还有更小的好似黄豆般大小的水洗石（又叫黄豆石），它的使用范围也很广泛。比如：可以用它铺砌小路或广场的地面以及花池护栏等。（图2-10）

▲图2-6

▲图2-7

▲图2-8

▲图2-9

▲图2-10

(5) 木料铺地

木料铺地：木料色泽自然，给人自然、亲切、温和高雅之感，所以经常用以铺设景观平台、步道等，但需时常养护。常用的木质铺地材料有芬兰的防腐木以及杉木等（图2-11）。

(6) 其他硬质铺地

其他硬质铺地：是指一些根据特殊环境需要所采用的铺地，例如有的停车场采用的植草砖，以及水中的汀步或环境绿地中的步石等。步石是指布置在环境景观绿地中，既是可供人们欣赏，具有轻松、活泼的个性以及自然美和韵律美的环境景观小品，又是可供行走的实用性石块。根据选用材料的不同，步石常分为天然石材步石、混凝土步石、木制步石以及钢板造型的步石等（图2-12、图2-13）。石材步石的石块形状可以是规则形的，也可以是不规则的。如条石、方石及其他几何形石块等，并可在上面雕刻艺术花纹从而形成独具特色的环境景观小品。混凝土步石多为整形的，如长方形、方形及其他几何形等，也可仿其他形状及材质，如仿树桩、仿自然石等。

步石作为特殊的道路景观，在环境绿地中应用时，石块数量可多可少，根据具体空间大小和造景特色而定，少则一块，多则可达数十块。平面布局应结合绿地形式，或直或曲，或错落有致，且具有一定方向性。石块间距符合常人脚步跨距要求，通常不大于60cm。石块表面较为平整，或中间微微凸起。若有凹隙，则会造成积水，影响行走安全。同一组步石通常为同一种材料、同一种色调以及相同或相似的形状。

另外，设置步石时还要注意高度适合，一般宜低不宜高，通常高出地面6cm～7cm，过高会影响行走安全。

汀步和步石的造景方式几乎

▲图2-11

▲图2-12

▲图2-13

一样，不同之处在于：步石是指布置在绿地中的道路景观小品，而汀步是指布置在水中的步石。（图2-14）

（二）树池部分

树池是指环境景观中树木生长所需要的最基本空间。树高、胸径、根系大小决定所需要树池的大小。

1. 树池铺设的作用

树池可在下列几方面保护现有树木和新种植物：

（1）它能明确划出一个保护区，防止主根附近的土壤被压实。

（2）经过处理的护树面层可看成一个集水区，有利于灌溉；也可在树的种植坑内安放灌溉水管，以强化灌溉。

（3）护树面层所填充的铺面材料可以是疏松的砾石、疏松的方石、多孔的砌块以及美丽的鹅卵石等，它们都有利于树木的生长和树根的扩散。

（4）现代环境景观中出现了多种新型树坑以及树干周围的疏铺面层或格栅，它们既可起到很好的保护作用，又可对整体景观起到美化作用。

2. 树池的种类

（1）平树池

树池池缘外缘的高度与铺装地面的高度相平。池壁可用普通机砖，也可以用混凝土预制，大小根据树池而定。树池周围的地面铺装可做成与其他地面不同颜色的铺装，或运用不同材质的铺表，这样既可起到提示的作用，又起到一种装饰作用。树池内还可种植花卉植物，既美观又可保护树干树根的生长。（图2-15）

（2）高树池

把种植池的池壁做成高出地面的树池。树池的高度一般为15cm～60cm，也有更高的设计，以保护池内土壤，防止人们误入踩实土壤而影响树木生长。池壁的形式可以是多种多样的。池中树干周围的土壤可以种植花草装饰。（图2-16）

（3）可坐人树池

有时还可以在高大树木的周围，将树池与坐凳相结合进行设计，既可以保护树木，又可供人们在树下遮阴乘凉。（图2-17）

（三）阶梯部分

在环境景观营建中，对于倾斜度大的地方，以及有高低落差的地方，都要设置阶梯。阶梯为环境景观道路的一部分，故阶梯的设计应与道路风格

▲图2-14

▲图2-15

▲图2-16

成为一体。在很多情况下，住宅环境中的阶梯美学价值远超过实用价值，所以也称之为景梯。

1. 阶梯的作用

环境景观中的阶梯具有以下几个方面的功能作用。

（1）阶梯是建筑与周边环境的主要联系物。

（2）阶梯使景观两点间的距离缩短，而免迂回之苦。

（3）阶梯可令人有步步高升之感，虽费力较多，但其乐趣足可补偿。

（4）阶梯可使环境景观产生立体感，有利于环境景观的布置美化，并能使环境有宽广的感觉。

（5）由于阶梯产生规律性运动的意味及阴影的效果，从而使环境景观呈现出音乐与色彩的韵律。

2. 阶梯的基本构成

阶梯一般由梯面、踏面、平台等构成。有的阶梯在达到一定高度后，还应设护栏。

3. 阶梯的设计要点

（1）台阶既可以与坡地平行，也可以与坡地以适当的角度相交，或二者兼有之；台阶既可与坡地融为一体，也可自成一体。坡顶或坡底可利用的空间常常决定了台阶的位置。

（2）台阶的级数取决于高差以及可利用的水平宽度。一般而言，环境景观中台阶的坡度没有室内的大，因为后者空间有限，并有扶手或栏杆作为补充。

（3）在台阶的设计上，需注意应有一种节奏感，才会使行人觉得舒适和安全。如果某段台阶特别长，最好每隔10～20个踏面就设置一个休息平台，以便登梯者不论在体力上还是精神上都能获得休息。要注意休息平台的宽度是踏面宽度的倍数，就可以保持步伐的节奏。

（4）踏面的横宽也是随环境的不同而异，但凭经验，台阶踏面宽度不应小于35cm，而且踏面的长度不应小于所连道路的宽度。若踏面过窄，会给人一种局促、匆忙的不适之感。踏面越宽，越会让人觉得从容不迫、身心放松。

（5）每一个踏步的踏面都应该有1%的向外倾斜坡度的高差，这样做是为了确保不在踏面上积水。

（6）如果设计施工的台阶主要是为老年人或残疾人服务的，或者如果台阶踏步一侧的垂直距离超过60cm时，应设计扶手，具体的施工做法应该参照相应的建筑设计规范。在条件允许的情况下，最好在住宅环境中的阶梯处考虑专为残疾人设计无障碍通道和扶手，这更能体现人性化的设计思想。（图2-18、图2-19）

▲图2-17

▲图2-18

▲图2-19

（四）山石造景部分

山石造景是中国古典园林造园的四大要素之一，其重要性在环境景观中可见非常不一般。山石造景主要指以假山为代表的一种造景方式。所谓假山，一般是指通过园林艺术家的构思立意和创作活动，用许多小块的山石堆叠而成的具有自然山形的庭园景观小品。假山体量可大可小，小者如同山石盆景，大者可高达数丈，比如我们在住宅环境中常见的瀑布背景的大型山石等。广义的假山实际上包括假山和置石两个部分。假山以造景游览为主要目的，充分地结合其他多方面的功能作用，以土、石等为材料，以自然山水为蓝本并加以艺术的提炼和夸张，是人工再造的山水景物（图2-20、图2-21）；置石则是以天然山石为材料做独立性或附属性的造景布置，主要表现山石的个体美或局部的组合，而不具备完整的山形，比如环境景观中常用的龟纹石等。一般来讲，假山的体量大而集中，可观可游，使人有置身于自然山林之感；置石则主要以观赏为主，结合一些功能方面的作用，体量较小而分散（图2-22、图2-23）。

山石造景因材料不同，可分为土山、石山和土石混合山。置石则有特置、散置、群置等形式。并且，现代环境景观设计中，常常是通过山石、植物和周围环境的合理配置来有意营造出大自然的意境。比如有的住宅环境通过在游泳池边设置高大的山石、瀑布植物造景等来营造出让人们好似在大自然的怀抱中自由畅游一样的氛围。

在景石的施工、安置方面要注意安全。一般的石头只需适当埋入地面就可以了，比如放置在草坪上的观赏置石。但如有的置石是放置在水边既可供人观赏又可供小孩攀爬比较高的置石，就需要打基础，不仅要埋入地面还需用水泥固定，以防歪斜、倒塌，造成事故。尖锐的石头则应该与观赏者之间保持一定的距离。

1. 山石造景的常见材料

山石造景的材料有两大类：一类是天然的山石材料；另一类是以水泥混合砂浆、钢丝网或GRC（玻璃纤维水泥）作材料。人工塑造翻模成型的假山，又称"塑石""塑山"。

2. 我国目前经常使用的天然石材种类

（1）湖石，石灰岩。色以青黑、白、灰为主，产自江、浙一带。质地细腻，易被水和二氧化碳溶蚀，表面产生很多皱纹涡洞，宛若天然抽象图案一般。

（2）黄石，细砂岩。色灰、

▲图2-20

▲图2-21

▲图2-22

▲图2-23

白、浅黄不一，产自江苏常州一带。材质较硬，因风化冲刷造成崩落，沿节理面分解，形成许多不规则多面体，石面轮廓分明。

（3）石英，石灰岩。色呈青灰、黑灰等，常夹有白色方解石条纹，产自广东英德一带。因山水熔融风化，表面涡洞互套，褶皱繁密。

（4）斧劈石，沉积岩。有浅灰、深灰、黑、土黄等色。产自江苏常州一带。有竖线条的丝状、条状、片状纹理，又称剑石，外形挺拔有力，但易风化剥落。

（5）石笋石因其多呈条状形而得名，产地有浙江省常山县砚瓦川地区、江西省上饶市玉山县等。色泽有青灰、豆青、淡紫等，有长短、宽窄之分，是造园的重要石种。石笋石质地坚硬，不吸水，不便于雕琢，适宜作险峰，也适于在盆景中作山峰和丛山，势峭峻秀，别具一格。

（6）千层石，沉积岩。铁灰色中带有层层浅灰色，变化自然多姿，产自江、浙、皖一带。沉积岩中有多种类型和色彩。

3. 山石造景要点简述

（1）山石的选用以及用料、做法需符合不同环境景观总体规划的要求。

（2）在同一地点，不要多种山石混用。否则在堆叠时，不易做到质、色、纹、面、体、姿的协调一致。

（3）假山山石的堆叠造型有传统的十二大手法：安、接、挎、悬、斗、卡、连、垂、剑、拼、挑、撑。假山的营建注重的是崇尚自然，朴实无华。要求的是整体效果，而不是孤石观赏。整体造型既要符合自然规律，在模仿之中又要高度概括提升，达到意境的升华。

（4）基础要可靠，结构要稳固。由于假山荷重集中，要做可靠基础。要求基土硬实，无流沙、淤泥、杂质松土。护岸石为节约投资，在水下或泥土下面10cm～20cm的部分，一般可用毛石砌筑。

（5）采用天然石料与人工材料（GRC等）配合造型的景点，尤其在施工困难的转折、倒挂处和人视觉一般接触不到的地方，使用人造假山，往往可以少占空间，减轻荷重，而整体效果好。

4. 山石造景主要手法

（1）孤景赏石：环境景观中常选古朴秀丽，形神兼备的湖石、斧劈石、石笋石等置于庭院主要位置，供人观赏，带有相当的旨趣。往往成为环境中的一景。

（2）峭壁景石：常用英石、湖石、斧劈石等配以植物、浮雕、流水，置于环境景观中的装饰景墙部分，成为一幅少占地方又熠熠生辉的山水画面。

（3）散点景石：黄石、湖石、英石、黄蜡石、龟纹石、花岗石等，三五成群散置于路旁、林下、山麓、台阶边缘、建筑物角隅。也可配合地形，植以花木，既可观赏又可供路人坐下休息，是山石在环境景观中最为广泛的应用之一。

（4）护岸景石：常用黄石、湖石、龟纹石、花岗石等，沿水面或沿地形高差变化堆叠，高低错落、前后变化，起驳岸及装饰的作用。

（5）假石瀑布：以环境地形为依据，堆石掇山，引水由上而下，形成瀑布跌水。此种手法也是目前环境景观中最为广泛的应用之一。

二、软质环境设计

软质环境设计从字面意义上讲主要是指环境景观中材质比较软的、可变性比较大的造景要素，比如：水体和植物等造景要素。

（一）水体

构成环境景观的要素虽然有许多，比如山、石、水、土、花卉、植物、建筑等。但是，景观的理论研究证明，在这些要素当中，水是第一吸引人的要素，水也是中国传统山水园林的灵魂，在中国古典园林中，素有"无水不成园"的说法。水在环境景观设计中变化不定的艺术形态和丰富的人文内涵，可以构成优美的景观环境、衬托出宜人的空间视觉效果。许多中国古典庭院均以水为主题，如苏州网师园、沧浪亭、拙政园等。而现代环境景观中也将水景作为环境美化的一个重要内容。同时，水景不仅丰富了环境景观，并为水生动植物提供了生活环境，也在一定程度上深化了环境景观的意境。

▲ 图2-24　　　　　　　　　　　　　　　　　▲ 图2-25

1. 水体在环境景观中的作用

水景在环境景观中的用途非常广泛，主要包括以下几个方面：

（1）营造环境景观的作用：造型各异、风格多样的水体景观可以营造优美、自然的环境景观氛围。

（2）组景的作用：通过水体的延伸和流动，在环境景观中，水可以把几个不同的景点联系起来，创造环境景观迂回曲折的景点线路，起到组景的作用。

（3）改善环境、调节小环境中气候的作用。

（4）提供体育娱乐活动场所。

（5）提供观赏性水生动物和植物所需的生长条件，为生物多样性创造必需的环境。

（6）水还可以提供交通运输并具有汇集、排泄天然雨水以及防灾用水等作用。

2. 水体的基本表现形式

任何一个环境景观无论其规模大小，都可引入水景。水体在环境景观中的运用大致上可以分为两类：静态的水和动态的水。

（1）静态的水

静态的水常以面的表现形式出现在环境景观中。其在面的表现形式上又分为规则式水景池、自然式水景池以及住宅环境景观游泳池三大类造景形式，在功能上有观赏、养鱼和娱乐等作用。

① 规则式水景池

规则式水景池在住宅环境造景中主要突出静的氛围，强调水面光影效果的营建和环境空间层次的拓展，是住宅环境景观的主要表现形式之一。规则式水池的设置与其周围环境需要相协调。规则式水池多用于规则式风格环境景观、住宅环境公共活动空间以及建筑物的外环境装饰中。水池设置地点多位于建筑物的前方或广场的中心，尤其对于以硬质景观为主的地方更为适宜，可作为地坪铺装的重要部分，并成为景观视觉轴线上的一种重要点缀物或关联体。（图2-24、图2-25）

▲ 图2-26

② 自然式水景池

自然式水景池是模仿自然环境中湖泊的造景手法，水体强调水际线的自然变化，有着一种天然野趣的意味，设计上多为自然或半自然式。人工修建或经人工改造的自然式水体有泥土、石头或植物收边等形式，适合自然式环境景观或乡野风格的住宅环境。自然式水景池的水际线强调自由式、曲线式的变化，并可使不同环境区域产生统一连续感，充分发挥水景池的系带组景作用。（图2-26）

③ 住宅环境景观游泳池

住宅环境景观游泳池有着双重的功能，既有

它本身的健身价值，又可以成为整体环境中令人感到愉悦的观赏焦点。游泳池的外观形式也多种多样，有的外观形式整齐大方，犹如标准式泳池，而有的模仿大自然海滩的自然休闲式风格……在休闲环境或居住环境中，多彩多姿的泳池越来越受到人们的青睐。（图2-27）

游泳池可以根据其构筑特点分为地上泳池和地下泳池。地上泳池是指池底与地面水平的泳池，一般为矩形或卵圆形，不需要挖土方。地下泳池需进行挖方工程，多为永久性的泳池，工程量较大。但在景观的作用上，会起到人工水景池的作用。

（2）动态的水

动态的水在形式上又分为流水、落水、喷泉三大类。

① 流水

无论是规则式城市广场设计，还是自然式住宅环境景观设计，溪流和水渠都增强了环境景观的装饰性和趣味性。尤其在当今设计风格的影响下，加上植物的修饰，能使流水表现出多种多样的美妙效果。流水一般又可分为自然式流水和规则式流水两种。

a. 自然式流水

自然式流水除了天然的江、河、湖泊以外，住宅环境水景营建中常以小型溪流造景为主。自然式溪流多为曲折狭长的带状水面，有强烈的宽窄对比。流水中常分布汀步、小桥、滩池、隔水石（以提高水位）、切水石或破浪石（使水分流）、河床石、垫脚石、横卧石（形成溢水口）等。溪流坡势依流势而设计，急流处为3%左右，缓流处为0.5%～1%。宽为1m～2m的水深为5cm～10cm，宽为2m～4m的水深为30cm～50cm，注意游人可能涉入的溪流，其水深应设计在30cm以下，以防儿童溺水。（图2-28）

b. 规则式流水

规则式流水一般采用渠道形式，用砖或天然石材等镶边；彩色砖和釉面砖分砌两侧；或用青石等铺底加以装饰；也可直接采用混凝土一次性浇筑。此类设计常用于风格严谨的城市现代环境景观空间设计中，也可用于比较西式、现代的住宅环境景观设计中。（图2-29）

▲图2-27

▲图2-28

▲图2-29

▲ 图2-30

▲ 图2-31

▲ 图2-32

②落水

落水是指利用天然地形的断岩峭壁、陡坡或人工构筑的假山石等形成陡崖梯级，造成水流层层跌落，以此形成瀑布或叠水等景观。在环境景观设计中，落水的形式极其丰富，是最能体现设计者的艺术品位和美化环境景观的设计元素之一的。落水又可分为瀑布、叠水以及溢流等形式。（图2-30至图2-32）

a. 瀑布

瀑布又分为自然式、规则式、斜坡式。

瀑布按其跌落形式分为：丝带式瀑布、幕布式瀑布、阶梯式瀑布、滑落式瀑布等。（图2-33）

以普通高3m的瀑布为例，水厚分：沿墙滑落的瀑布，水厚3mm～5mm；普通瀑布，水厚10mm左右；气势宏大的瀑布，水厚20mm以上。

▲ 图2-33

第二教学单元 住宅环境景观设计的要素

b. 叠水

叠水本身是瀑布的变异，它强调一种非常有规则的阶梯式落水形式，强调人工设计的美学创意，具有韵律感及节奏感。（图2-34、图2-35）它是落水遇到阻碍物或平面使水暂时水平流动所形成的，水的流量、高度及承水面都可以通过人工设计来控制。在应用时应注意层数，以免适得其反。叠水的外形就像一道楼梯，其构筑的方法和瀑布基本上一样，只是它所使用的材料更加规则，如砖块、混凝土、厚石板、条形石板或铺路石板，目的是为了取得设计中所严格要求的几何形结构。台阶有高有低；层次有多有少；构筑物的形式有规则式、自然式及其他形式，故产生了形式不同、水量不同、水声各异的丰富多彩的叠水。它是善用地形、美化地形的一种最理想的水态，具有很广泛的利用价值。

c. 溢流

池水满盈而外流谓之溢流。（图2-36、图2-37）人工设计的溢流形态决定于水池或容器面积的大小、形状及层次。如：直落而下则成溢流瀑布；沿台阶而下则成叠水流溢池；与杯状容器结合，形成垂落的水帘效果则成溢水杯。在合

▲图2-34

▲图2-35

▲图2-36

▲图2-37

适的环境中，这种无声垂落的水幕将会产生一种非常有效的梦幻效果。尤其当水从弧形的边沿落下时，经常会产生这种效果。

③ 喷泉

喷泉由水的压力通过喷头而构成，造型的自由度大，形态优美。喷泉在环境景观中运用得比较多。喷泉主要有天然涌泉、自然式喷泉、壁泉、规则式喷泉、间歇式喷泉、旱地喷泉等。喷泉的构筑材料从金属雕刻品到纤维玻璃制品、陶土制品等，无论是古代的兽头、现代的石雕，还是马赛克、贝壳、卵石等装饰的小品都能用在喷泉的设计和建造中。（图2-38至图2-43）

现今，喷泉的应用在景观设

▲图2-38

▲图2-39

▲图2-40

▲图2-41

▲图2-42

▲图2-43

计领域中越来越广泛。另外对于规则式喷泉，喷头造型设计是整体设计的关键。对于一个特殊位置的喷泉，靠改变水花形状可增强其视觉效果。喷头的形式有单孔喷头和多孔喷头。多孔喷头上有许多小孔，可以形成多种水花造型，包括简单的百合花造型及复杂的组合造型。还有一种扇形喷头，呈扁扁的鸭嘴形，它可以形成扇形水膜。结合旋转喷射，像草地喷灌设备，这种喷泉也是非常有利用价值的。对于大型的喷泉水景展示来说，各种各样的喷头可以组合使用，并配合电子音乐和彩灯照明的变化节奏设置喷泉喷射程序，产生出颇为壮观的观赏效果，如重庆三峡广场的水幕喷泉电影等。喷水时间可通过电动和手动两种方式控制。

3. 水体在住宅环境景观设计中要注意的问题

在住宅环境景观设计中，考虑到需要设计水体的运用时，我们应注意以下几个方面的问题。

首先，需要注意的是水的亲水性。如池岸的高度、水的深浅、水的形式能否满足人的亲水性要求，这也是评价水体环境的标准。人与水可以很亲密地接触，而不是可观而不可及的，否则这样的水景设计在环境景观中就只有可观的视觉效果而没有亲水的意义了。

其次，还应注意水与环境的尺度比例关系。其尺度关系主要包括三个方面：一是整个环境与水体的关系。整个环境与水体的关系，决定了水体是否和环境相协调，以及水体在环境中的定位关系。在设计时应根据功能需求和空间构图需求合理安排水体，使之能融入环境景观中。如在一个狭窄的空间中，布置一个庞大的水池，会让人有局促不安之感，而偏小又会让人感到软绵无力，所以水体的尺度大小要适中才好。二是水体中各要素的尺度关系。水体中各要素的关系是指水池、喷泉、瀑布以及小品、雕塑之

间的配合能不能保持一个整体和谐的关系。这就要求在环境设计中应做到有主有次，才能更好地突出主体。三是人和水体的尺度关系。

另外，水的维护性和安全性在水景中同样重要。一旦我们考虑在住宅环境中设计水体的应用时，就必须要考虑水体的维护性和安全性。水体的维护性是指整个水体建成以后的保养和维修方面的工作等。水体的安全性是指人与水体之间需要注意的安全问题等。比如，在一般环境景观中可参与嬉戏游乐的水体深度，设计就不应超过30cm水深。

同时，我们不仅要注意水体自身的流动、聚散、渗透和蒸发等特性，我们还应该注意水生植物的种植效果、水体自身流动的音响效果以及人工照明效果等，使水在环境景观中可以营造出多种优美的视觉景观效果。

4. 水体设计中设备配备要点

（1）首先确定水的用途，如观赏、戏水、养鱼等。

（2）确认是否需要循环装置。

（3）确认是否必须安装过滤装置。

（4）确保设备所需场所和空间。

（5）确认水中是否需要照明。

（6）搞好管线的连接以及排水问题。

（7）防渗水措施。

（二）植物

随着人们对居住环境的要求越来越高，植物在住宅环境中占据的重要位置也越来越广。植物造景是指通过人工设计、栽植、养护等手段，使植物群落或单个植物个体在形态、色彩、线条、造型上带给人们一种美的感受或联想，即通过将观赏植物进行合理的搭配种植、造型等活动创造出特定的景观。植物在调节人类心理和精神方面也发挥着积极作用，并起到分隔空间、达到步移景异的景观效果的作用。

1. 植物在环境景观中的作用

（1）空间塑造上的作用。植物可作为空间塑造材料使用，对空间进行分隔、连接与引导，从而形成不同的空间。比如私密性空间、开放式空间等。遮掩不良的景观，形成主体屏障。同时，还可起到框景的作用等。

（2）改善环境的作用。植物景观的适当利用可以改善户外的环境品质。如保持水土，减弱噪音，净化空气，控制光线和眩光，影响局部微气候的变化等。

（3）美化环境的作用。植物可发挥自身的观赏特性，如树形之美，开花、结果的特色随着时间变化展现的生生不息的自然美感，提供视觉、嗅觉等感观之愉悦。形成自然优美的环境，达到步移景异的景观效果。

（4）生态上的作用。可提供生物栖息、繁衍、觅食的空间，建立生态保育的基础。

2. 植物造景的艺术原则

植物造景的艺术原则，首先除了应该了解植物的特性、形状、色彩、纹理和它们组合时的空间效果外，还应注意单株树木优美的体态，以及欣赏的形式和部位。其次，设计时还应考虑树木全年使用的有效性和协调性以及树木的生长速度和寿命。如宅间绿地与住宅直接相连，对居民的居住环境影响最为直接，适当把生长较慢的乔木和低矮的灌木相组合使用为好，既可减少住宅之间的视线干扰，又可保持适当的私密性。但不宜太靠近住宅以免影响低层住户的采光和通风等。植物造景的艺术原则如下：

（1）色彩相宜的原则

植物配植时应做到色彩相宜，即花木的色彩应与周围环境、地理位置、生态条件、场景气氛等相协调，要能通过花木的色彩、形态等来衬托气氛、突出主题、创造意境。只有做到色彩协调相宜，才能使人置身其中感到舒适、

亲和而放松，才能给人以美的感受。此外，在花木配置时还应同时考虑不同色彩给人的感受。比如常见的可使环境色彩丰富的乔木有：银杏（图2-44）、红叶羽毛枫（图2-45）、紫薇（图2-46）、紫丁香（图2-47）、樱花（图2-48）、榔榆（图2-49）等；常见的可使环境色彩丰富的灌木有：南天竹（图2-50）、紫玉兰（图2-51）等；常见的可使环境色彩丰富的草花有：射香兰（图2-52）、风信子（图2-53）、香豌豆（图2-54）、秋百合（图2-55）、蔷薇（图2-56）、旱金莲（图2-57）、长萼水仙（图2-58）、秋英（图2-59）等。

▲ 图2-44 银杏 　　▲ 图2-45 红叶羽毛枫 　　▲ 图2-46 紫薇 　　▲ 图2-47 紫丁香

▲ 图2-48 樱花 　　▲ 图2-49 榔榆 　　▲ 图2-50 南天竹 　　▲ 图2-51 紫玉兰

▲ 图2-52 射香兰 　　▲ 图2-53 风信子 　　▲ 图2-54 香豌豆 　　▲ 图2-55 秋百合

▲ 图2-56 蔷薇 　　▲ 图2-57 旱金莲 　　▲ 图2-58 长萼水仙 　　▲ 图2-59 秋英

（2）季相相宜的原则

植物造景时，应考虑树木花卉的季相特点，使住宅环境中季季有景。要了解不同树木花卉的生长周期，以及因季节物候的变化而产生的色、形、姿态等方面的变化，以延长观赏期。

（3）因景制宜的原则

不同的景观主题采用不同的植物和花卉以及不同的配置方法来表现。比如：松柏类植物常用在比较严肃的地方，如烈士墓园等。因此，植物的种植首先需考虑到不同地方人们风土人情的喜好和忌讳以及造景的目的、功效等人为因素；其次，无论是群植还是孤植、对植还是行植或篱植，都要因景观主题的需要而选择不同的配置方式。

（4）位置相宜的原则

植物造景的每一处基址都会有地势高低、土壤干燥或潮湿、地面空旷并阳光充足或隐蔽并光照不足、四周郁闭并通风不畅或周边开阔并通风良好、肥沃或贫瘠等方面的差异，因而在种植花木时，应根据所处的地理条件来选择生态习性与之相适宜的种类。

3. 植物的选择原则

植物的功能是多方面的，所以植物的选择应以发挥其最大功能为准则，应依据环境而选定，而不是仅靠设计者的偏好而已。所以植物的选择应当至少包含下列事项，作为选择植物种类的参考。

（1）植物自身：成熟后的规格、生长速率。

（2）植物外形：包括植物的分枝特性是垂直、伸展或开放。

（3）色彩变化：包括花期、花色、新芽、果色、果期等变化。

（4）叶的特性：包括质地、叶色、有无落叶、季节变化。

（5）根的特性：包括移植难易、根浅或根深。

（6）植物的适应性：包括土壤性质、湿度、耐阴性、耐寒性、喜阳性等。

（7）维护的特性：包括病虫害、移植、修剪等。

（8）市场采购性：包括规格、数量、价格及市场的可供性等。

4. 植物类别及特征（表2-1）

表2-1 植物造景常用植物类别及特征

种类	特点	分类及其特征	
乔木	体型高大（在5m以上），主干明显分枝点高，寿命长。	按高矮分	a. 大乔木：20m以上（如雪松、云杉树） b. 中乔木：10m～20m（如槐树） c. 小乔木：5m～10m（如山桃树、小叶榕、桂花）
		按落叶状态分	a. 常绿乔木：阔叶常绿乔木（如广玉兰、香樟树、桂花）、针叶常绿乔木（如罗汉松、冷杉） b. 落叶乔木：阔叶落叶乔木（如樱桃、红叶李）、针叶落叶乔木（如水杉、金钱松）
灌木	树体矮小（在5m以下），没有明显主干，多呈丛生状态或自然分枝。	按高矮分	a. 大灌木：2m以上（如木绣球、含笑、海桐球） b. 中灌木：1m～2m（如凤尾兰、石榴、十大功劳） c. 小灌木：1m以下（如小栀子、六月雪）
		按落叶状态分	a. 常绿灌木（如六月雪、南天竹、九理香） b. 落叶灌木（如玫瑰、蜡梅）
藤本	依靠其特殊器官（吸盘或卷须）或靠蔓延作用依附其他植物上。	按落叶状态分	a. 常绿藤木（如龙须藤、茉莉、常春藤） b. 落叶藤木（如紫藤、凌霄、葡萄）
竹类	干木质浑圆，中空而有节，皮翠绿色，花不常开，一旦有花，大多数于开花后全株死亡。	a. 散生型竹（如毛竹、方竹、龟甲竹、金竹、紫竹） b. 丛生型竹（如凤尾竹、撑篙竹、龙头竹） c. 复轴混生型竹（如苦竹、孝顺竹）	
花卉	姿态优美，花色艳丽，花香馥郁，是具有观赏价值的草本和木本植物。但通常多指草本植物。	a. 一年生花卉：春季播种，当年开花（如鸡冠花、万寿菊、波斯菊） b. 二年生花卉：秋季播种，次年春天开花（如金盏花、七里香、风铃草） c. 多年生花卉（或称宿根花卉）：草木花卉，一次栽植能多年连续生存，年年开花（如芍药、大花美人蕉） d. 球根花卉：花卉的茎或根肥大，成球状或鳞片状（如大丽花、晚香玉） e. 水生花卉：生于水中，其根或伸入泥中，或游浮在水中（如荷花、玉莲、浮萍） f. 水生植物（如旱伞草、香蒲、马蹄莲）	
草皮植物	低矮的草本植物，用以覆盖地面。	如麦麦冬、野牛草、羊胡子草、狗牙根、结缕草等	

5. 植物常见的配置方式

（1）孤植

所谓孤植就是单一树木的栽植。它主要采用乔木，能构成观赏焦点，也可陪衬建筑物，构成环境景观空间。一般适合孤植的树木主要为具有欣赏价值的优型树和庭荫树，树形整体高大，树冠开阔而舒展，树形有特殊风采，花、果、叶观赏价值高。例如雪松、银杏树、香樟、榕树等。孤植树木的配置具有观赏性、纪念性、标志性等作用。（图2-60）（点的运用形式）

（2）对植

常见的对植栽植法较多地体现在大门、台阶及规整式环境景观中。对植的视觉效果给人相对安定、平静、规整、隆重的印象。两株树木在有轴线，或无轴线条件下对应栽植，对植的树木一般用同一树种乔木，并注重树木的形状和体量等。（图2-61）

（3）丛植

丛植主要体现树丛组合的群体美，重点突出树丛的高低错落、前后配置关系。可选用两种以上的乔木和多种灌木以及低矮的草本花卉组合搭配栽植，亦可同山、石、草坪结合。庇荫用的树丛通常采用树种相同、树冠开展的高大乔木等。（图2-62至图2-64）

▲图2-60

▲图2-61

▲图2-62

▲图2-63

第二教学单元 住宅环境景观设计的要素 | 45

（4）群植

群植即组合式的栽植法。以一两株乔木为主体，与数种乔木和灌木搭配，组成较大面积的树木群体（一般20~30株）。树种的色调、层次要丰富多彩，树冠要清晰而富于变化。（图2-65、图2-66）（面的运用形式）

（5）林植

林植即大量树木的聚合，具有一定的密度和群落外貌。树林可分为密林和疏林。密林可选用异龄树种，配置大小耐阴灌木或草木花卉。疏林树种应树冠展开，树荫疏朗，花叶色彩丰富。（图2-67）

▲图2-64

▲图2-65

▲图2-66

▲图2-67

（6）列植

列植也就是线形的排列栽植法，沿直线或曲线以等距离或在一定变化规律下栽植树木的方式。考虑到冬、夏季节的变化，树种可以单一，也可以穿插性排列其他树木，可选用常绿树与落叶树等。行道树常采用列植方式。（图2-68）（线的运用形式）

（7）环植

环植指同一视野内明显可见、树木环绕一周的列植形式，一般处于陪衬地位，常应用于树、花坛及水池的四周。（图2-69）

（8）篱植

篱植是一种行列式密植的类型，因树种不同，在高度上可分为矮篱、中篱和高篱，又有常绿、半常绿、落叶之别。（图2-70）（体的运用形式）

因此，对居住区绿地系统而言，植物的配置方式最常见的是点、线、面、体相结合的配置方式。但应注意的是：一个有效的植物生态系统应该是各种不同植物通过合理配置有机地联系在一起的整体环境景观。因此，采用的配置方式也应是多种多样的。所以，除了以上比较规范的植物配置方式外，还有其他的一些植物配置方式。如花坛、花境、模纹花带、花丛、花群、花地、花箱、花钵（盆栽）、吊篮、艺栽小品、草坪与地被植物造景等各种特色的配置方式。

花坛是在低矮的、具有一定几何形轮廓的植床或容器内栽植多年生草花或一年生草花，可形成具有艳丽色彩或图案纹样的植物景观。花坛在景观空间构图中可用做主景、配景或对景，广泛运用于城市的建筑广场、道路交叉口以及休闲游憩绿地等。花坛的设计要点是：花坛的外形应和周围的环境相协调；花坛或花坛群和广场相比，一般在1:15~1:3，草地花坛可以大点，个体花坛不宜太大，应形成主次景点；花坛以平面欣赏为主，植床不宜太高；小型花坛以欣赏花卉为主，应选花期较长、花叶繁盛、花卉密集的植物。（图2-71至图2-74）

花境是以多年生草花为主，结合观叶植物和一、二年生草花，沿花园边界或路缘布置而成

▲图2-68

▲图2-69 ▲图2-70

▲图2-71

▲图2-72

▲图2-73

▲图2-74

▲图2-75

的一种常见植物景观。它以丰富多彩的色块效果吸引路过的行人和美化环境,并对环境气氛影响较大。花境形状自由多变,与花坛、花台相比,更易于与环境相协调。(图2-75)

模纹花带是指将大量的花卉直接种植于绿地中,植床无围边材料,具有带状模纹图案的花卉群体景观。主要表现花卉群体的色彩美与图案美。通常用于西式、现代式、规则式等环境景观中。(图2-76)

花丛是直接布置于住宅环境景观绿地中,植床无围边材料的小规模花卉群体景观,也是现代环境景观中广泛运用的花卉造景类型,常布置于树下、林缘、绿地、河边、湖畔、草坪、岩石等处。花丛景观

▲图2-76

▲ 图2-77

▲ 图2-78

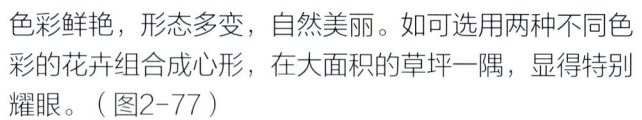

色彩鲜艳，形态多变，自然美丽。如可选用两种不同色彩的花卉组合成心形，在大面积的草坪一隅，显得特别耀眼。（图2-77）

吊篮是指将盆栽或钵栽花卉种植于吊盆或半圆形的壁篮中，并设置于柱、架上，形成风格独特的花卉小品造型。一般用于道路护栏、建筑外墙等造景点上，能烘托气氛，具有较强的环境装饰效果。（图2-78）

艺栽小品是一种既具有装饰性又具有艺术观赏性的植物种植方式。一般与雕塑、特殊形式的构架物结合，形成富有情趣及观赏性的植物小品，如花车、花篮、花船等。常布置于环境景观绿地的视觉中心位置。（图2-79）

草坪与地被植物造景。草坪植物是草坪的主体，主要是一些适应性较强的矮生乔本科植物（简称禾草），且大多数为多年生植物，如狗牙草、结缕草、高羊茅等；也有少数一、二年生植物，如一年生早熟禾、一年生黑麦草等；除禾草外，也有其他科属的植物，如莎草科的苔草、旋花科的马蹄金以及豆科的白三叶等。草坪的应用特性与树木及花卉截然不同。首先，它具有较好的地面覆盖作用，能有效地防止因地表径流而产生的水土流失，防尘作用也较显著。其次，草坪具有独特的活动使用功能。草坪可以像地毯一样供人们游憩活动使用，为人们开展各种文体活动提供高质量的场所。比如，有一定坡度的草坪可以使小孩在上面翻滚，留下纯真的童年记忆。同时，草坪具有明亮开阔的景观空间特性。所以，草坪与树木结合应用，可以创造出丰富而具有自然特色的住宅环境景观空间（图2-80）。草坪可分为：自然式草坪、规整式草坪、装饰性草坪、使用性草坪等。尽管草坪有其自身的优点，但也存在明显的局限性，如其综合生态功能远不如树木，色彩单调，寿命比树木短，容易退化，可进入玩耍式草坪管理要求高。

▲ 图2-79

▲ 图2-80

因此，设计时也要合理应用。地被植物因具有适应性强、耐粗放管理、耐阴、耐旱等特性，在园林环境中也越来越受重视，如麦冬、沿阶草、常春藤、蛇莓以及蕨类植物等。蕨类和苔藓植物多喜阴湿环境。

三、住宅环境景观小品设计

景观小品范围十分广泛，它大体上包含了传统意义上的园林建筑小品及园林装饰小品两大类。在实际应用中，环境景观小品可以理解为景观小品中的主要组成部分，正如著名建筑大师密斯·凡德罗曾说过："建筑的生命在于细部。"景观小品也同样影响环境景观的质量。景观小品是在环境景观中既具有较高观赏价值和艺术个性，又具有实用性的环境景观构筑物。在环境景观中，景观小品除去各类传统景观构筑物外，还包括环境景观中许多功能性及服务性设施小品，如住宅环境中路牌标志、休闲座椅、垃圾桶、健身器械等各类影响景观效果的元素。只是本单元我们为了更好地区分不同类型小品的功能而将设施类小品放到后面一节中单独去讲，本章主要分析住宅环境景观中构筑物和一些装饰性小品的功能、原则和具体内容及作用等。

（一）景观小品的功能

1. 美化环境功能

景观小品具有较强的造型艺术性和观赏价值，所以在环境景观中往往能起到画龙点睛、美化环境的作用。在整体环境中，当景观小品作为某一景物或建筑环境的附属设施时，能巧为烘托，相得益彰，为整个环境增景添色；作为环境中的主景时，又能为整体环境创造丰富多彩的景观内容，使居住在住宅环境中的人们受到艺术美的熏陶。

2. 使用功能

景观小品除具有美化环境功能外，还更多地具有使用功能，可以直接满足人们的使用需要，如亭、台、廊、椅等小品，既可供人们纳凉休息，又可供人们欣赏美景；住宅环境的庭院灯既可提供夜间照明，也方便人们进行夜间休闲活动等。

3. 增添情趣功能

景观小品除美化环境功能、使用功能外，还具有增添情趣的功能。比如，住宅环境中的儿童游乐迷宫装饰景墙，除了提供了方便小孩游乐、识字的场所外，更多的是让小孩在这种环境中增添了情趣；同样的，小桥和汀步除了提供交通的使用功能外，还为人们提供了培养闲情雅致的休闲场所，并增添了漫步于溪流之上的情趣。

4. 信息传达功能

景观小品具有信息传达功能，如住宅环境景观中的一些小小的指示牌，它既可起到道路、交通的引导指示作用，又可起到文化的推广作用。

5. 安全防护功能

景观小品还具有安全防护功能，以保证人们观赏、休息或活动时的人身安全，并实现不同空间功能的强调和划分以及环境管理上的秩序和安全，如各种安全护栏、围墙、挡土墙等。

（二）景观小品的设计原则

1. 与整体环境的协调统一

景观小品是寓于环境景观中的艺术，它与外部环境之间有着极为密切的依存关系。单纯追求景观小品单体的完美是不够的，还要充分考虑景观小品与环境的融合关系。景观小品的空间尺度、形象、材料、色彩等因素应与周围环境相协调。在设计景观小品时，要把客观存在的"境"和主观构思的"意"相结合。一方面分析环境对景观小品可能产生的影响；另一方面要分析和设想小品在环境景观和自然环境中的特点和效果，确立整体的环境观。只有因地制宜设计景观小品，才能真正实现环境空间的再创造。

2. 满足人们的行为需求

景观小品的服务对象是人。人是环境中的主体，人的习惯、行为、性格、爱好都决定了对空间环境的选择。所以，景观小品的设计首先必须从"以人为本"的角度出发。人类的行为、生活、歇息等各种状态是景观小品设计的重要参考依据；其次，在进行景观小品设计时，要了解人的尺度，并由此决定景观小品设计空间尺度的基本数据，如座椅的高度、售报亭的尺寸、花坛的高度等；再次，人的行为模式也决定着空间模式的不同，不同的活动决定了人们对环境空间的不同要求，对不同类型的景观小品也有不同的要求等。因此，了解人的各种行为模式及其特征，对景观小品的设计有着至关重要的作用。只有对这些因素充分了解后，才能设计出真正符合人类需要的景观小品。

3. 满足人们的心理需求

首先，景观小品的设计除了需要考虑功能和表现的形式外，还应从居住在住宅环境中人们的心理需求出发。其次，不同的人具有不同的社会背景，如民族、社会地位、文化程度、年龄、兴趣爱好、职业等，都决定了不同的需求选择以及实现其需求所采取的不同方式，了解这些因素对环境景观小品的设计颇为重要。总之，能从结合人的心理需求特征出发而设计出的景观小品，比仅仅单纯以功能要求和人体尺度等为设计出发点而设计出的景观小品更适合人的需要。如人们在心理希望感到满意的空间氛围有哪些？是希望感受到私密性、舒适性、归属性、认同性等的心理需要呢？还是希望感受到整个住宅环境景观小品所体现的青春、活泼、亮丽的心理需要呢？

4. 满足人们的审美观

景观小品的设计首先应具有较高的视觉美感，必须符合美学原理。景观小品是一种艺术创作，应通过其外部表现形式和内涵来体现其艺术魅力。景观小品的艺术美要符合人们的审美需求。要通过对环境景观小品的整体和局部的形态进行合理地设计，使其具有适宜的比例和优美的造型，并通过充分考虑到材料、色彩、质感的美感以及建造中的各种技术问题，从而形成主题明确、内容健康、形式完美的景观小品。

5. 满足人们的文化认同感

一个成功的环境景观小品不仅应具有艺术性，而且还应具有深厚的文化内涵。景观小品可以反映出它所处时代的精神面貌，体现特定的城市、特定历史时期的文化传统积淀。为了能适应广泛的社会文化传统需求，环境景观小品必须反映时代的、地域的、民族的、大众的文化特征。所以，住宅环境景观小品的设计，要尽量满足人们对文化的认同感，使景观小品真正成为反映历史文化的载体。

6. 注重功能需求

设计服务于人。所以，环境景观中的小品除艺术造景功能外，我们更多需要考虑的是如何根据小品自身不同的特点进行实用的功能性设计。

7. 注重使用的安全性

在设计环境景观小品时，我们还需要注重的是小品在环境中的使用安全性。比如，在设计景桥时，需要考虑灯光的照明设计和栏杆的设计，以防止老人或小孩溺水等。

8. 注重小品材料的使用寿命

景观小品设置后一般不可以随意搬迁移动，具有相对的固定性。所以，环境景观中的小品设计还需考虑其所处特定气候条件下的影响因素及制作材料的耐久性等。

（三）景观小品的具体内容及作用

1. 亭

（1）亭的含义

亭是供人们休息、赏景的小品性建筑，具有遮阳避雨功能。设计精巧的亭往往能成为环境景观空间中的视觉焦点。亭在住宅环境景

▲ 图2-81

▲ 图2-82

观中是运用得最多的一种形式。无论是在传统的苏州私家园林中,还是在现代新兴的住宅环境景观中,都可以看到各种各样的亭子。(图2-81至图2-84)

（2）亭的特点

亭的造型相对独立而完整;亭的结构与构造大多比较简单;亭的主要功能是驻足休息、纳凉避雨、纵目眺望;亭在住宅环境中的布局位置十分灵活,可独立设置,也可依附于其他建筑物,更可结合山石、水体、大树等,充分利用各种奇特的地理基址创造出优美的景观意境;亭的装饰风格可谓"百花齐放,浓淡相宜"。可简可繁,可精雕细琢,构成花团锦簇之亭,也可不施任何装饰,构成简洁质朴之亭,也可以是非常现代的钢筋柱体和玻璃的顶面等。

（3）亭的基本构成

亭一般由台基、亭柱、附设物、亭顶四部分组成,通常四面空透,玲珑轻巧。

① 台基

台基多以混凝土为材料,地上部分负荷较重者,需加钢筋、地梁;地上部分负荷较轻者,如用竹柱、木柱盖以稻草的凉亭,则仅在亭柱部分掘穴,以混凝土做成基础即可。

② 亭柱

亭柱的构造依材料而异,有水泥、石块、砖、树干、木条、竹竿等,由于凉亭一般均无墙壁,故亭柱在支撑及美观的要求上极为高。柱的形式有方柱、圆柱、多角柱、格子柱等。柱的色泽各有不同,可在其表面上绘制或雕成各种花纹以增加美观或变化。

③ 附设物

为了美观与适用,往往可在亭的内部设置桌椅、栏杆、盆体、花坛等附设物,但以适量为原则。亭的梁柱上可雕刻各种装饰。

④ 亭顶

凉亭的顶部梁架可用木料做成,也有用钢筋混凝土或金属铁架的。亭顶一般可分为平顶与尖顶两类,形状则有方形、圆形、多角形、梅花形、十字形和不规则形等,顶盖的材料则可用瓦片、稻草、树皮、木板、树叶、竹片、玻璃等。

（4）亭的风格

亭在环境景观中的应用大致可分为五个大类:传统中式亭、传统西式亭、日式亭、热带风格亭、现代亭等。

2. 廊

（1）廊的含义

廊是作为建筑物之间的联系而出现的,一般指屋檐下的过道或独立有顶的过道。现代环境景观中的廊,其形式和设计手法日趋丰富,既是联系不同景观空间的一种通道式建筑,同时又是组织人们游览观赏、庇荫休息、划分空间层次的建筑小品。在很多时候,廊与亭或花架结合在一起,形成功能更多、景观空间更丰富的景观建筑小品。

（2）廊的特点

① 由连续的单元组成

廊的基本单位为"间",由"间"的重复连续组成长短不一的廊,平面上可曲可直,蜿蜒无尽。由十几间、数十间组成的廊,在园林中是很常见的。如颐和园的长廊由273间组成,为我国园林中第一长廊,此外天津的宁园等,都是由近百间组成的长廊,具有适宜的通透性。廊的立面多由柱子、漏窗门洞等组成,故其体态开敞,明朗通透,在园林中既围合空间又分隔空间,使空间化大为小,但又隔而不断,既增加了景观层次,又使空间连续流动。廊常用以联系建筑,使室内外空间过渡自然,也使建筑空间更加明朗活泼。

② 基址的随意性

由于廊的体态轻巧、结构简单,只要稳固地安下四根柱子,一间简单的梁柱结构的廊即可建成,具有很大的随意性,几乎不受基址限制,逢山爬山,遇水涉水,均可"因地制宜"。正如《园治》中所述:"可曲可直……随形而弯,依势而曲,或蟠山腰,或穷水际,通花渡壑,蜿蜒无尽。"

▲图2-83

▲图2-84

（3）廊的功能

① 联系功能

廊将园林中各景区、景点连成有序的整体，使它们即使散置也不凌乱。廊将单体建筑连成有机的群体，使它们主次分明，错落有致。廊还可以配合住宅环境公路，构成交通、游览及各种活动的交通网络。

② 对空间的围合或分隔功能

廊可使空间相互渗透，隔而不断，层次丰富，又可将空旷开阔的空间围成相对封闭的空间。在建筑环境中，又可作为室内外联系的"过渡空间"，将室内外有机地联系起来。

③ 造景功能

廊可自由组合，体态又通透开畅，尤其是善于与地形结合，与自然融合成一体，在环境景色中体现出自然与人工结合之美。廊也可独立成景，在住宅环境中构成独立的景观中心，是可防雨淋、避日晒、休憩、赏景的好地方。

④ 实用功能

廊具有连续而有序的排列特点，适于作展览房用。现代园林中各种展览廊，其展出内容与廊的形式结合得尽善尽美，如金鱼廊、花卉廊、书画廊等，很受人们欢迎。

（4）廊的基本构成形式

从造型上看，廊是由基础、柱身和屋顶三部分组成，通常两侧空透，轻巧灵活，这与亭的特点很相似。但不同的是，廊是一种景观通道，具有纵深感，在空间布局上呈"线"形，而亭是"点"式。廊一般较窄，高度也比亭矮。廊的基本组成单位是"间"。"间"一般柱距3m左右，横向净宽1.2m～1.5m。现代的廊宽一般在2.5m～3.0m，以适应游客人数的增加。

（5）廊的基本类型

① 按廊的立面形式分类

双面空廊：双面空廊又称空廊或双面画廊，是廊最常见的一种类型。其两侧只有列柱，没有墙垣或花窗，两面空透可以赏景，适用于景色层次丰富的环境。（图2-85）

单面空廊：单面空廊又称半廊，在住宅环境中也较常见。它一面为列柱，空透开敞，面向主要景观空间，另一面为筑墙，一般依附于其他建筑物，形成半敞开半封闭的建筑空间。（图2-86）

暖廊：在廊柱间装饰花格窗的廊为暖廊，一般用于北方寒冷地区。装有玻璃的花格窗在冬天可使人在廊中休息时免受寒风吹袭，并可透过花窗欣赏园中景色。（图2-87）

▲图2-85

▲图2-86

▲图2-87

复廊：在两面空廊的中部有墙，墙上开设漏窗，形成两侧都是单面空廊的形式，称之为复廊。复廊适用于廊两边各属不同景区的场合。复廊既能有效地分隔庭院空间，同时又能产生空间的双向渗透和联系，增加景观空间的层次和深度。（图2-88）

双层廊：双层廊又称复道阁廊。有上下两层结构，也称楼廊。双层廊可以联系不同标高的建筑物或其他景观，更好地创造不同特征的视景空间和赏景路线，并从立面上丰富建筑与景观的造型轮廓和层次变化。（图2-89）

桥廊：以桥为基础而建的廊，称为桥廊。桥廊是桥与廊相结合的建筑形式，有时也称为廊桥，既可为人们提供休息的赏景场所，又可分隔水面空间，丰富水体立面景观，增添水中倒影等情趣。（图2-90）

单排柱廊：只有中间一排支柱支撑屋顶的廊，称为单排柱廊。这种廊一般采用钢筋混凝土结构，造型较为轻巧、新颖，屋顶两端略向上翘，落水管设于柱子中间或廊两端，通常独立存在于庭院环境。这也是现代景观设计中常见的一种建筑小品，如画廊、宣传廊等。（图2-91）

▲图2-88

▲图2-89

▲图2-90

▲图2-91

爬山廊：爬山廊多建于山地，联系山坡上不同高程的建筑物或其他景物的廊。爬山廊多建于高差较大的山坡，台基多为阶梯状，可由下呈线状而上，也可依山势蜿蜒曲折而上。（图2-92）

柱廊：柱廊多建于西方园林中，主要起装饰作用，没有太大的实用功能。柱体多采用传统建筑形式，如多立克式、爱奥尼亚式、科林斯式以及组合式等。（图2-93）

② 按廊的平面形式分类

直廊：直廊就是在平面上呈直线形布置的廊。

曲廊：廊在平面布置上曲折变化，称为曲廊，也称折廊。

回廊：在平面上呈环状布置，延廊可绕行一周，这种廊称为回廊。

③ 按廊顶部构筑方式分为：屋式廊、架构廊、透光廊等。

（6）廊的常用材料

传统廊多为木结构，屋顶多为坡顶或卷棚顶。现代住宅环境中，廊多为钢筋混凝土结构，且平顶式居多，一般与其他景观小品如亭、架等相结合。廊的常用材料包括木结构、钢结构、钢筋混凝土结构、竹结构等（图2-94至图2-96）。

▲图2-92

▲图2-93

▲图2-94

▲图2-95

▲图2-96

3. 花架

（1）花架的功能及作用

花架是指在绿地环境中进行植物造景时，用以支撑攀缘植物藤蔓的一种棚架式建筑小品。因为所用的攀缘植物多为观花灌木，如蔷薇、紫藤、凌霄等，所以习惯上称之为花架。

花架是以植物材料为顶的廊。它既具有廊的功能，又比廊更接近自然，富于变化，可联系建筑及景点，又因植物而倍添生气，成为环境景观中不可缺少的要素。

花架整体造型比亭、廊、榭等建筑小品更为空透（图2-97至图2-99）。其最大的特点是顶部只有梁枋结构，没有屋面覆盖，可以透视天空。所以，花架不仅立面空透，而且顶部也是空透的。既可以通风透气，利于植物生长，又可以让植物的果实花序垂挂下来，供人观赏，如紫藤的长花序、葫芦的葫芦果等，景观别有特色。

花架还具有与亭、廊相似的作用，即造景、赏景和休息纳凉的功能。在庭园景观空间布局上，花架呈"点"状布置时，就如同一座凉亭，形成庭园中心景点和赏景空间；呈"线"性布置时，就如同一座长廊，划分和组织空间，增加景观层次和深度，形成游憩路线，并发挥建筑内外空间作用以及建筑物彼此之间的联系与过渡作用。

（2）花架的尺寸与用材

①花架的高度：高度控制在2.3m～2.8m，有亲切感，一般用2.3m、2.5m、2.7m的尺寸。

②花架开间与进深：开间一般设计在3m～4m之间，太大了构件会显得笨拙臃肿；进深跨度通常用2.7m、3.0m、3.3m等。

③花架的用材：花架的类型较多，根据使用的材料和构造不同可分为竹木、钢筋混凝土、钢质及砖石等。

（3）花架的基本类型

花架的造型形式较多，可分为两大类：廊式花架及亭式花架。前者概括起来有梁柱式花架、墙柱式花架、单排式花架、拱门及钢架式花架、单柱式花架及壁立式花架等；后者则多指单柱式花架。另外，还有各种组合式花架。

4. 雕塑

（1）景观雕塑的作用

景观雕塑往往是环境景观中的视觉中心。景观雕塑与一般雕塑不同，不同在于它与景观环境息息相关。景观雕塑的作用还表现在：一是，在环境景观中可利用雕塑来达到添加一个新景观的目的；二是，环境景观雕塑在丰富和美化人们生活空间的同时，不仅丰富了人们的精神生活，反映时代精神和地域文化的特征，还是体现住宅环境文化的重要载体。

▲图2-97

▲图2-98

▲图2-99

（2）景观雕塑的设置原则

①环境因素

在各种不同的环境景观中应设计适宜的雕塑题材及表现形式，以达到与环境景观互相衬托、相辅相成的效果，才能加强雕塑的感染力，才不

▲ 图2-100

▲ 图2-101

会将雕塑变成与环境毫不相干的摆设。

②视线距离

人们观察雕塑首先是观察其大轮廓及远观气势，要有一定的远观距离。进而是看细部、质地等，而且雕塑多以体量关系出现在环境中，因此，景观雕塑的设置既要考虑到三维空间多面观察的视觉效果，又要考虑其空间尺度的比例关系。

③基座设计

基座可在造型上烘托主体，并渲染气氛。雕塑的表现力与基座的造型相得益彰，但又不能喧宾夺主。因此，不能将基座孤立设计，应从一开始设计时就纳入总体的构想之中。除应考虑基座的形象、体量外，对其质地、粗细、轻重、亮度等均应做仔细推敲。

④雕塑色彩

适宜的色彩可使雕塑形象更为鲜明、突出。雕塑色彩与主题形象有关，也与环境及背景色彩密切相关。如白色的雕塑与浓绿色的植物形成鲜明的对比，而古铜色的雕塑与蓝天、碧水互成美好的衬托。现代雕塑因色彩、材料均比以往更为丰富，而住宅环境景观又包括了许多造景元素，故更应充分考虑其色彩上互相衬托的关系。

⑤雕塑材质

同样的雕塑如果采用不同的材质，给人的视觉效果是完全不一样的。不锈钢的雕塑给人简洁的具有硬度的现代质感，铜制的雕塑给人华贵厚重感，青石的雕塑给人朴素自然的历史感等。

（3）雕塑的分类

①按雕塑的空间形式分类

圆雕：圆雕是对形象进行全方位的立体塑造的雕塑，具有强烈的体积感和空间感，可以从不同角度进行观察。是最常见的雕塑形式之一。（图2-100）

浮雕：浮雕是介于圆雕和绘画之间的一种表现形式，它依附于特定的体面上，一般只能从正面或侧面来观看。浮雕依其起伏的高低，又有高浮雕和浅浮雕之分。高浮雕有较强的立体感，浅浮雕平面性较强（图2-101）。

透雕：透雕是在浮雕画面上保留有形象的部分，挖去衬底部分，形成有虚有实、虚实相间的雕塑。透雕具有空间流通、光影变化丰富、形象清晰的特点。（图2-102）

②按雕塑的艺术形式分类

具象雕塑：具象雕塑是一种以写实和再现客观对象为主的雕塑，在城市雕塑中应用较为广泛。（图2-103）

抽象雕塑：抽象雕塑是对客观形体加以主观概括、提炼、简化

▲ 图2-102

▲ 图2-103

▲ 图2-104

▲ 图2-105

或强化，运用点、线、面、体块等抽象符号加以组合，并配上各种丰富色彩以及质地肌理的搭配的造型艺术。具有强烈的视觉冲击力和意味。（图2-104）

③ 按雕塑的功能作用分类

纪念性雕塑：纪念性雕塑主要纪念一些伟人和重大事件。一般都在环境景观中处于中心或主导的位置。

主题性雕塑：主题性雕塑是指在特定环境中，为增加环境的文化内涵，表达某些主题而设置的雕塑。与环境有机结合，能弥补环境缺乏表意的功能，达到表达鲜明的环境特征和主题的目的。（图2-105）

装饰性雕塑：装饰性雕塑主要是在环境景观中起装饰、美化作用。如在儿童游乐场所中，一些装点成各种可爱的动物雕塑。装饰性雕塑，不强求有鲜明的思想内涵，只强调在环境中的视觉美感。（图2-106）

功能性雕塑：它在具有装饰性美感的同时，又有不可替代的实用功能。如标牌式雕塑、家具式景观雕塑等。（图2-107）

▲ 图2-106

▲ 图2-107

▲图2-108　　　　　　　　　　　▲图2-109　　　　　　　　　　　▲图2-110

▲图2-111

▲图2-112

（4）雕塑使用的常见材料

雕塑使用的材料很多，常见的有：铜、不锈钢、花岗石、大理石、青石、木材、玻璃纤维、混凝土、石膏、铸铁、水泥、陶土等。其中由花岗石、砂石、大理石等天然石料制成的雕塑，大多具有较好的耐久性，色彩自然（图2-108至图2-110）；金属材料雕塑，具有厚重的现代气息（图2-111至图2-114）；混凝土为主的人工材料雕塑，造型简便，可模仿石材效果，但不易做永久性雕塑；玻璃纤维材料雕塑，主要是指树脂型材料，成形方便、坚固、质轻、工艺简单，但成本较高（图2-115、图2-116）；陶瓷材料雕塑，高温焙烧制品，具有光泽好、抗污性强，但易碎、体量较小等特点；木制雕塑，主要是指以乌木、楠木、藤木等木材为原料，经过人工雕刻的雕塑等（图2-117）。

5.景桥

（1）景桥的作用

环境景观中的桥通常称景桥，是环境景观的一个重要组成部分。总的来说，景桥具有三方面作用：一是联系道路，起组织观赏线路和交通作用，并可变换人们观景的视线角度；二是形成水面景观效果，点缀水景，这类景桥在景观艺术上有很高的价值，其观赏性往往

▲ 图2-113 　　　　　　　　　　▲ 图2-114 　　　　　　　　　　▲ 图2-115

▲ 图2-116 　　　　　　　　　　▲ 图2-117

超过其交通功能，如建有亭廊的桥等；三是分隔水面空间，水面被划分为大水面与小水面，可增加水景层次，具有深化造景的功能。

（2）景桥的设计要点

① 体量适宜，形式恰当

环境景观水面的形状、大小、水量等都影响或决定着桥的布局及造型。宽广的大水面，或水势急湍的水景，则宜建体量较大、较高的桥；水面较小且水势平稳，宜建紧贴水面的平桥或汀步。在平静的水面建桥更应与其倒影效果联系起来。桥的造型、体量还与岸边的地形、地貌有关。平坦的地面、溪涧山谷、悬崖峭壁或岸边巨石、大树等都是建桥的基础环境，桥的造型体量还应与其相协调。

② 考虑全面，选址合理

窄处通桥，是既经济又合理的首选的建桥基址。此外，还要考虑行人交通的需要、人流量的大小、桥上是否通车、桥下是否通船等，这些因素都会影响桥的高度与其净空高度。

③ 造型优美，衔接自然

桥身、桥栏、桥头的造型不仅要优美而且需要和环境协调，桥头与岸壁的衔接更要自然过渡，忌生硬呆板，常配以山石、植物、灯光做衬托，不仅可以显示桥的具体起始位置，起到安全的作用，还可以美化桥身，丰富环境景观。

④ 注意安全，合理配置

桥体上的栏杆是丰富景桥造型的设计要素，也是进行景桥设计时需要考虑的重要因素。栏杆应与桥体的大小、轻重相协调，栏杆高度既要符合安全要求，又要符合桥的造型要求。

（3）景桥的主要类型

① 平桥

平桥是在住宅环境景观中使用最多的景桥之一。景桥之中的平桥，多紧贴水面，简洁大方，桥面一般不起拱，有时桥面也作微弯起拱，但均属平桥（图2-118、图2-119）。有时为满足视角的变化和"步移景异"之需，在平面上由平桥曲折组成"平曲桥"。如我国古典园林中常采用的"九曲桥"的设计就属于平桥的类型。从受力角度看，平桥基本分为板桥和梁桥两类。材料多采用天然石材、防腐天然实木或混凝土预制板等。板桥宽度在0.7m～1.5m，以1m左右居多，长度1m～3m不等。若周围环境体量较大，则相应拓宽桥面宽度，宽度则在1.5m～2.5m，甚至更大可至3m～4m。为安全起见一般都加设栏杆，但不宜过高，在4.5m～6.5m即可。栏杆的设置可采用单边设置或双边设置。

② 拱桥

拱桥造型优美，曲线圆润，富有动态感（图2-120、图2-121）。既可观赏，又可连接道路，常有一举两得之效。拱桥分单孔拱桥和多孔拱桥。多孔拱桥常见的又分为三、五、七孔拱桥。

③ 亭桥及廊桥

由于桥的特点和其在风景园林景观中所起的构景作用，可以设计亭、廊、楼、阁于其上，既能加强地方特色，又能借此使桥更具个性与多功能的特色。为了受力合理，桥上建筑又多设于桥墩、立柱处，这样可节省工程造价。

▲图2-118

▲图2-119

▲图2-120

▲图2-121

④ 吊桥与浮桥

吊桥又称悬索桥，是由受拉的悬索作为承重结构的桥，其中一根主缆索，在桥面的荷载作用下，构成了赏心悦目的抛物线形（塔柱支承，索端锚固）。吊桥由悬索（主索、边索和锚索）、桥塔、吊杆、锚碇加劲梁和桥面系所组成。吊桥跨越能力大，尤其适合架在V形山谷风景区中。浮桥是利用木排、铁筒或船只，排列在水面作为浮动的桥墩使用。为了防止水流的冲移，可在水面下系索以固定浮动桥墩的位置。

⑤ 旱桥

在住宅环境景观设计中，有时还可设计出一些旱桥的景观效果。所谓旱桥就是结构和材料以及做法都和景桥一样，只是它所处的环境不是在水面上而是在住宅环境的陆地或花境上，形成一种特别的景观效果。

6. 塔

塔在环境景观中主要是起标志性、方向性和文化性的作用。比如在比较大的住宅环境中，因塔的位置相对较高，所以，塔往往能给人以方向感。并由于其独特的标志性以及文化性而给人留下深刻的印象，从而形成住宅环境中的视觉中心。（图2-122）

7. 台

住宅环境景观设计中的台多指临水平台或漂台（图2-123至图2-125）等。台既可以是其他构筑物的延伸部分，又可以是独立的景观小品，其构造简单，施工便捷。构筑材料上多用天然防腐实木制作平台。设计上，平台应尽量贴近水面，强调平面的延伸感。人多或水较深的地方，平台需加设围栏，台上可设座椅等设施，并应尽量和周边的植物、水体、山石以及灯光等合理搭配。

▲图2-122

▲图2-123

▲图2-124　　　　　　　　　　　　　　　　　　▲图2-125

四、住宅环境景观设施配置设计

住宅环境景观设施分为两个大类，即服务设施和游乐设施。设施也是属于环境景观中的小品。所以，其除了具备小品的特性外，更多的是具备功能的实用性。

（一）服务设施

服务设施顾名思义就是以服务为主的环境景观小品。住宅环境景观中常见的服务设施小品有户外座椅、车挡、标牌、服务亭点、垃圾箱、公共厕所等。

1. 户外座椅

（1）座椅设置的意义与功能

户外座椅是重要的环境景观设施之一。人们在住宅环境中休憩歇坐，赏景畅谈，无不与座椅相伴。座椅的功能主要有以下两个方面：一是供人们就座休息，欣赏周围景物。多设于景色秀丽的湖滨、草坪周边、道路旁、广场周围、花间林下等位置；二是作为环境景观装饰小品，座椅可借其自身优美精巧的造型，点缀环境景观，成为环境景物之一。

（2）座椅的种类

以座椅服务人数来分，可有单人座凳、2～3人用带靠背普通长椅、多人用座凳、多人倚靠式座椅；从设置方式上划分，除普通平置式、嵌砌式外，还有固定在花坛绿地、挡土墙上的座椅，与绿地挡土墙兼用的座椅，以及设置在树木周围兼做树木保护设施的围树椅等形式；此外，市场上还有许多标准化、系列化的成

▲图2-126　　　　　　　　　　　　　　　　　　▲图2-127

第二教学单元 住宅环境景观设计的要素

▲图2-128

▲图2-129

▲图2-130

▲图2-131

▲图2-132

品座椅。（图2-126至图2-130）

（3）座椅的材料

座椅的材料丰富多样，除木材、石材、混凝土、各类仿石材料、铸铁、钢材、陶瓷等外，还有木材与混凝土、石材与铸铁等组合材料。（图2-131至图2-135）

▲图2-133

▲ 图2-134

▲ 图2-135

（4）座椅的设计及构造要点

座椅的尺寸要合适，座椅一般面高38cm～40cm，座面宽40cm～45cm。标准长度为：单人椅60cm左右，双人椅120cm左右，三人椅180cm左右。靠背座椅的靠背倾角为100°～110°。结构设计要坚固，座板厚3cm以上，座板间的缝隙在2cm以下。应结合环境总体规划来设计座椅的造型及色彩、材质的配置，而且应将座椅设置在不妨碍人流通行的水平位置。

2. 车挡

车挡是禁止车辆入内的一种竖向路障设施。（图2-136至图2-138）设立车挡的主要目的是防止机动车侵入人行道，也可作为照明灯柱使用。车挡所使用的材料种类很多，常见的有铸铁、不锈钢、混凝土、石材等。设计要点：车挡的高度一般为50cm左右，设置间隔为60cm左右，但有轮椅往来或其他残疾人用车出入的地方，一般按90cm～120cm的间隔设置；带链条车挡的设置间隔由链条长度决定，一般为2m左右。如车挡设置在机动车可能会碰触到的场所，应选用有一定强度的，并与设置地点环境相协调的车挡。

▲ 图2-136

▲ 图2-137

▲图2-138

▲图2-139

3. 标牌

随着现代城市生活节奏的日益加快，为了提高环境的舒适性和便利性，作为信息传递的重要媒介，信息设施越来越受到人们的重视。标牌是信息设施当中重要的组成部分，主要功能是迅速、准确地为人们提供各种环境信息等。（图2-139至图2-142）标牌在住宅环境中的主要应用包括路牌以及场所位置的导向指示牌等。景观路牌的信息传达往往借助于文字、绘图、记号、图示等形式予以表达。文字要求规范、准确；绘图记号直接，易于理解；图示可采用平面图、照片加简单文字构成。

在住宅环境中设置标牌的目的是：引导人们在陌生的环境中，尽快地明确所要到达的目的地在什么方位，同时，标牌也是体现小区文化的窗口。通过标牌可以传递一些关爱、友好、和谐的文化氛围等。因此，标牌在住宅环境景观中占据越来越重要的位置。标牌的作用已不完全是为人们引路或做简单的说明。人们越来越关注标牌的艺术形式以及对人的亲和力问题。好的标牌设计总是将"以人为本"作为设计原则。

▲图2-140

▲图2-141

▲图2-142

4. 服务亭点

服务亭点是指分布在住宅环境空间中的服务性建筑环境小品。（图2-143、图2-144）具有面积小、分布面广、数量多、服务专一的特点。常见的服务亭点有书报亭、小卖部、干洗店、快餐店、理发店、问询处、鲜花店、药店等。它们是住宅环境中的重要环境小品。服务亭点的设计应结合人流活动路线，便于人们识别、寻找。同时，造型要新颖，富有时代感，并能鲜明地反映服务内容。

5. 垃圾箱

造型各异的垃圾箱既是生活不可缺少的卫生设施，又是住宅环境空间的点缀。（图2-145至图2-147）垃圾箱的设计：其一，需要考虑丢垃圾是否方便，也要考虑收垃圾是否方便；其二，造型要独特，并且要与环境协调相衬。垃圾箱的形式主要有固定型、移动型、依托型等。

▲ 图2-143

▲ 图2-144

▲ 图2-145

▲ 图2-146

▲ 图2-147

6. 公共厕所

公共厕所是住宅环境景观中必不可少的服务设施。（图2-148）近年来，随着人们对环境景观的要求越来越高，人们对如何使公共厕所与环境相互协调，如何提供完善的设备，以及如何舒适地使用公共厕所等问题越来越重视。公共厕所根据设置性质可分为永久性和临时性，而永久性又可分为独立性和附属性两种。在住宅环境景观中，游泳池边需要厕所的配套功能，整个住宅环境也需要考虑公共厕所的配套功能，公共厕所也可以和住宅环境的其他配套建筑如会所等设计在一起。

▲ 图2-148

(二)游乐设施

随着人们生活条件的改善,住宅环境景观设计已从原来大面积的硬质铺装到后来的大面积绿地,再到现在不仅有了大面积绿地,在此基础上更多地增加了人性化的游乐设施。游乐设施已成为住宅环境景观中重要的设施之一,多在环境景观中的一隅。它不仅为人们提供健康的娱乐方式,也是传递文化的一种方式。

1. 儿童游乐设施的设计要点

首先,根据儿童的身高、动作幅度、荷重等决定其设施大小;其次,要有新颖的形状与醒目的色彩,并能激发儿童的想象力、创造力;再次,要有充分安全的构造。露出于设施外表的构造物棱角应避免有锐角,以免发生意外伤害。而且,游乐设施的材料要具有耐久性、环保性。(图2-149)

2. 儿童游乐设施和器械的分类

(1) 沙坑

在儿童游戏中,沙戏是最重要的一种。沙坑深度以30cm为宜,每个儿童游戏占用面积约1m^2,形状可以是多种多样的,边框不宜高,应经常保持沙土的松软和清洁,定期更换沙料。

(2) 戏水池

规模较大的儿童场所可布置浅水戏水池。在夏季,戏水池不仅可供儿童游戏,也可以改善场地的小气候。水池的水深以15cm~30cm为宜,平面可选用各种形状,也可用喷泉、雕塑加以装饰,池水要经常更换。(图2-150)

(3) 地坪铺装

柔软的草坪是儿童进行嬉戏活动的良好场所。同时,一些富有弹性的色彩鲜艳的塑胶地面,也是小孩玩耍的安全场所。(图2-151)

▲图2-149

▲图2-150

▲图2-151

▲ 图2-152

▲ 图2-153

（4）游戏墙及迷宫

游戏墙及迷宫是常见的儿童游戏基本设施。游戏墙的线形可以设计成不同形状，墙上布置大小不等的孔洞，可让儿童钻、爬、攀登，锻炼儿童的体能并增加趣味性，促进儿童的记忆力和判断力的发展。墙体可设计成几组断开的墙面，也可设计成连为一体的长墙。墙面可以由图案装饰，也可做成儿童在上面画画的涂鸦墙（图2-152）。游戏墙的尺度要适合儿童的身高。迷宫墙的选材除了砖砌体之外还可以用低矮的灌木修剪而成。

（5）儿童游乐器械

儿童游乐器械包括秋千、滑梯、单杠、吊环、水平爬梯、转椅或转球以及一些攀爬类器械等。（图2-153、图2-154）

3. 其他游乐设施

现在的住宅环境景观除了儿童的游乐设施以外，还增加了老年人以及年轻人的游乐设施，如健身器材、网球场、羽毛球场、篮球场以及游泳池等，这样可以大大地丰富住宅环境区内人们的文化和娱乐生活。（图2-155）

▲ 图2-154

▲ 图2-155

五、住宅环境景观照明、音响、色彩及门窗、护栏、墙垣等设计

（一）住宅环境照明

1. 灯光的照明作用

环境景观中灯光的照明作用归纳为两大类：一是实用功能；二是美学功能。实用功能包括：道路、广场、台阶及入口等的照明，安全防护照明，作业照明，引导交通流线等。美学功能包括：白天灯具可作为环境景观的点缀，其造型可成为引人注目的小品；夜晚的灯光可丰富景观空间色彩，成为环境景观的重要组成部分，不同的灯光渲染衬托不同的景观氛围。通过灯光的组合可强调出环境景观的层次感和更佳的观赏效果。比如，当树木等景观由投光照明器照射时，最好能利用明暗对比，显示出深远及层次来。显示照明：这种照明一般在一定时间内开灯，但到深夜，除保留治安上所需的照明以外，其他时间应予关灯。当然，关灯时间应须根据冬夏的时间差和不同地区人们普遍休息的时间规律来制订。

2. 景观灯具的分类与选择

景观灯具的分类包括：路灯（图2-156、图2-157）；庭院灯（图2-158）；草坪灯（图2-159）；地埋灯（图2-160）；水下射灯（图2-161）；投射灯

▲图2-156

▲图2-157 　　▲图2-158 　　▲图2-159

第二教学单元 住宅环境景观设计的要素 | 71

▲图2-160 　　　　　　　　　　　　　　　▲图2-161

▲图2-162 　　　　　▲图2-163 　　　　　▲图2-164

▲图2-165

（图2-162、图2-163）；装饰灯（图2-164、图2-165）等。景观灯具的选择与设计要求：外形美观并符合使用要求与设计意图；艺术性要强，有助于丰富空间的层次和立体感，形成的阴影大小、明暗要有分寸；与环境和气氛相协调，用"光"及其"影"来衬托自然的美，创造一定的场面气氛，分隔与改变空间；保证安全，灯具线路开关乃至灯杆设置都要采取安全措施，以防漏电和雷击，并对大风、雨水、气温变化有一定的抵抗力，坚固耐用，取换方便，安全性高；形美价廉，具有能充分发挥照明功效的构造等。

3. 景观灯具的高度及照明标准

灯具高度的选择要保证有均匀的照度。首先，灯具布置的位置要均匀，距离要合理；其次，灯具的高度要恰当。灯设置的高度和用途有关。一般草坪灯高度在0.6m左右；庭院灯高度在3m左右；大量人流活动的空间，景观灯具高度一般在6m左右；而用于配景的灯，其高度应随景而定，有1m～2m高的，也有数十厘米高的。灯具的高度与灯具间的水平距离比值要恰当，以形成均匀的照度。一般景观中采用的比值为：灯具高度：水平距离=1：12～1：10。

（二）住宅环境音响设计

音响设计在现代环境景观中，已成为非常重要的设计要素之一。特别是在住宅环境景观设计中背景音乐应用已相当普遍。背景音乐的应用已从原来的音响设备变为了一些带有艺术文化氛围的卡通动物（图2-166）或植物造型等。

（三）色彩设计

色彩在住宅环境景观设计中的应用也是非常重要的因素之一。（图2-167至图2-169）色彩在我们的生活中无处不在。建筑需要有色彩，构筑物也需要色彩，植物的配置中更需要色彩的搭配（好似万绿丛中一点红一样）。色彩具有知觉、表情和匹配等特性。好的色彩搭配可以更好地烘托所需的环境景观气氛等。

1. 知觉

知觉大致包括色适应、色彩的诱目性、色彩的认知性、色彩的进退感等。色适应是指眼睛对色彩的适应过程。色彩的诱目性是指容易引起注视的性质，比如红比蓝、黄、绿、白等更引人注目。诱目性还和环境有关，如在黑的背景下，黄色最醒

▲图2-166

目。色彩的认知性是指人们对不同色彩的认知情况等。色彩的进退感是指如红、黄等色具有扩大、向前感，蓝、紫色具有后退感。同样，明亮的色彩给人前进感，阴暗的色彩给人后退感。

2. 表情

表情是指色彩能给人以不同的感受，使之产生一定的表情：色彩的轻重感，色彩的软硬感，色彩的冷暖感，色彩的华丽和朴素感，色彩的活泼和忧郁感，色

▲图2-167

▲图2-168

▲ 图2-169

▲ 图2-170

▲ 图2-171

彩的兴奋和沉静感，色彩的明暗感等。

3. 色彩的匹配

色彩的匹配是指在总的冷色调或暖色调的基础上，有类似和对比两种匹配原则。同时，在环境景观设计中，我们不仅需注意色彩的使用要有共性和个性、主从感，还需要考虑不同地区人们的生活习惯、民风、民俗以及对特殊颜色的忌讳等。

（四）门窗、护栏、墙垣

1. 门窗

环境景观中常见的门有大门和小门。大门一般指园区的具有划分和限定空间、起地缘和地标的作用、代表场所性质的门等。（图2-170、图2-171）大门在总体风格的设计上需要和整体住宅环境景观的建筑风格相协调，并突出大门所特有的属性和功能。住宅环境中大门的设施包括：岗亭和车辆出入读卡系统及保安监控系统等设施。小门一般意义上是指不同空间之间的门（图2-172至图2-175）。环境景观中的窗多指传统园林景观中的隔墙上的花窗，其具有借景、透景等作用。（图2-176至图2-179）

74 住宅环境景观设计教程

▲ 图2-172

▲ 图2-174

▲ 图2-173

▲ 图2-175

▲图2-176

▲图2-177

▲图2-178

▲图2-179

2. 护栏

（1）护栏的作用

在住宅环境景观中，护栏的作用在于：一是，满足其自身护栏的功能性需求；二是，分割环境景观空间，组织疏导人流，划分活动范围。环境景观护栏多用于开敞性空间的分割，在开阔的大空间中设置护栏，可给人以依附和安全感，并在空旷中获得亲切感，同时，为人们提供就座休憩之所。在有些环境中设置护栏与座凳相结合，既有维护作用，又可使人们就座欣赏。传统园林中的座凳护栏、美人靠均属此列，其造型优美而且具有强烈的装饰性。

（2）护栏的设计要求

护栏的设计要求是指：其一，景观护栏的造型需与整体环境景观协调一致；其二，护栏尺度要合理，高低要恰当；其三，护栏的安装要坚固安全。栏杆最基本的使用功能为安全围护，若栏杆本身不坚固，就失去实用的意义，而且更增加隐患。栏杆的立柱要保证有足够的深埋基础，坚实的地基。立柱间距离不可过大，一般在2m～3m，应按材料确定。受力的栏杆应有足够的强度要求，衔接应牢固。

（3）护栏的类型及材料

护栏常见的主要类型有：围护栏杆，高度在800mm～900mm，主要是用以空间的划分和界定，起着限制、引导和保护的作用，是环境景观中最为常见的一种形式。一般包括建筑外墙式围栏、行道围栏及桥梁护栏、台阶护栏等；靠背护栏，一般高度在900mm，用于环境中供人们休憩停留的地方，常与此类功能的景观构筑物相结合，如亭、榭、台等，使人在驻足休息的同时，可凭栏观景，起到装饰以及防护安全的作用；座凳护栏，高度在400mm～450mm，是结合座椅并与之限定为一体的栏杆形式，一般较为低矮、顶面较宽，适合人们休憩，经常出现于绿地边缘，亭、台、楼、阁之间等地；镶边护栏，高度在200mm～400mm，是在不影响主体景观情况下的限制、围护栏杆，较低矮，自身也具有一定的观赏性，常有花纹、波浪等造型及图案。常出现于绿地、树池、花坛等周边。护栏的材料选择应尽量就地取材，体现不同风格特色。如石材、竹材、钢筋混凝土、木材、金属材料等，皆可选用，以美观、经济、坚固为主要原则。（图2-180至图2-182）

▲图2-180

▲图2-181

▲图2-182

3. 墙垣

（1）墙垣的功能

环境景观中的墙垣主要是用来分隔、围合空间的人工构筑物，虽在平面上呈现线性布局，但可丰富环境景观空间层次，组织、控制和引导交通流线。同时，墙垣本身也是景观构图的一个重要部分，可以创造和组织各种景观画面，从而形成环境景观中优美而具有艺术性的景墙。

（2）墙垣的主要类型及其作用

环境景观中常见的墙垣有围墙、景墙、挡土墙等。围墙作为维护建筑物，其主要功能是防卫，同时也具有装饰环境的作用；景墙的主要作用是造景，以其精巧的造型点缀环境景观空间；挡土墙则应用于地形的改造与利用上，其立面也可设计出不同的景观效果，如利用其青石挡土墙雕刻石雕壁画等。

（3）墙垣常见的材料及设计要素

墙垣常见的材料有：砖砌体景墙（图2-183、图2-184），玻璃景墙（图2-185），玻璃和一些金属材料共同使用的景墙（图2-186），瓷砖和马赛克贴面的景墙（图2-187），浅浮雕石材做成装饰隔断的景墙（图2-188），以及用竹和天然石材共同构筑的景墙等是一些常见的墙垣艺术设计手法（图2-189）。

在环境景观中设计墙垣需要特别注意的是：墙垣的质感、体量、色彩、光影、空间层次以及花饰等艺术效果。质感，是指材料质地和纹理给人的视觉及心理感受，它又分为天然和人造两类。天然的有花岗

▲图2-183

▲图2-184

▲图2-185

▲图2-186  ▲图2-187

▲图2-188  ▲图2-189

石、大理石、砂岩、鹅卵石、页岩（虎皮石）等石料浑厚刚劲、粗犷朴实、自然，适合用于室外庭院及池岸边，经过加工后，质地光滑细密、纹理有致，于晶莹典雅中透出庄重肃穆的风格。人造的有玻璃、马赛克、瓷砖墙等光洁华丽、质地细腻，有光彩照人、透明轻快之感。而植物性材料如竹子、树皮、板条，则柔韧、自然、亲切。体量，是指视觉上的体感分量、形体大小、方圆、宽窄、凹凸、空透等。色彩，是指不同颜色的墙体给人以冷暖、协调、平和或刺激之感。要根据环境特征进行色彩选择。有时在阴雨天或黑夜也能视其效果，常加入发光材料，以突出其视觉效果。光影，是指白天的自然光或夜晚的人工照明投射到墙面而给人以视觉上的明暗、强弱、轻重感，以及墙面附属物所形成的特定光影效果等。有专家认为"光影也是一种材料，活动的材料"，在设计中要很好地运用光影。空间层次，是指墙体的虚实、高低、前后、深浅、通透、分层与分格等，形成的空间序列层次的变化。墙体可结合绿化种植穴池或悬挑成花台，也可采用部分墙体作为实体与通栅围栏相结合，形成虚实对比，互相渗透，衬托层次。花饰，是指通过图案、民间艺术、工艺造型、美术装饰等手法，使墙垣成为环境景观的立面景观之一，并起到美化与装饰环境景观的艺术功能。

六、单元教学导引

目标

本单元是非常重要的章节。教学目标是通过对住宅环境景观具体内容进行详细的分类以及对不同造景要素的功能特征进行详细的讲解及分析，配以具体图例的方式，加深学生对知识的认识和理解。目的是让学生清楚地认知住宅环境景观设计所涉及的具体设计要素，并获知其在环境中的造景作用和需要注意的地方及其材料的合理配置，并为下一步的总体住宅环境设计打下坚实的基础。

要求

通过课堂系统的理论讲授，辅以多媒体教学，并有针对性地对学生进行作业辅导以及与实地参观住宅环境景观相结合，要求学生掌握住宅环境景观所涉及的具体内容，并对各种不同造景要素在景观中的作用和特征有深刻的印象。

重点

首先，需要对住宅环境景观设计各种不同造景要素及其特征和作用有较深的认识；其次，需要对造景要素的材料有深刻的认识并获知其特性；最后，希望学生重视造景要素特别是硬质铺装、山石造景、水体、植物及小品在环境景观中的重要性，并熟悉其在环境景观中的合理应用。

注意事项提示

因为此单元教学是大量的理论讲授及图片的赏析。所以，课程教学中，可能会相对地比较枯燥，希望教师能通过互动的上课形式，比如教师提问等形式，提高学生主动参与的积极性。

小结要点

本单元是整个住宅环境景观设计课程中最重要的教学单元之一。该教学单元通过住宅环境景观设计中设计元素的讲解及图片展示，让学生获知环境景观设计要素的重要性及其设计中应遵循的设计原则和注意事项，对后面单元住宅环境景观案例设计课程做好了充分的前期准备工作。

为学生提供的思考题：

1. 住宅环境景观中亭和廊的区别及其各自特征是什么？
2. 住宅环境中硬质铺地的作用有哪些？
3. 水体在环境中的作用有哪些？
4. 水体设计中设备配备要点有哪些？
5. 植物造景的功能有哪些？
6. 植物常见的配置方式有哪些？
7. 景观小品的功能有哪些？
8. 儿童游乐设施的设计要点有哪些？
9. 景桥在住宅环境景观中的作用是什么？

学生课余时间的练习题：

在网上收集其他住宅环境景观设计中出现的亭子、廊、花架、小桥、平台、休闲座椅、路灯和垃圾桶以及广场地面拼花和花池造型各5幅。

为学生提供的本教学单元参考书目及网站：

ABBS建筑论坛
中国建筑与室内设计师网
金涛 主编. 园林景观小品应用艺术大观[M]. 北京：中国城市出版社
杨北帆，张斌 编著. 景园设计[M]. 天津：天津大学出版社
广州市科美设计顾问有限公司 编著. 景观设计与手绘表现[M]. 福州：福建科学技术出版社
彭一刚 著. 中国古典园林分析[M]. 北京：中国建筑工业出版社
王晓俊 著. 风景园林设计[M]. 南京：江苏科学技术出版社
《景观设计》杂志

作业命题：

根据实地参观的住宅环境景观为例，手绘环境景观小环境速写5幅，手绘环境景观水体方案2件，手绘环境景观小品方案3件，

作业命题的缘由：

手绘环境景观速写的作业是希望学生通过对实地参观的住宅环境景观进行速写的方式，使学生加深对住宅环境中造景要素的认识。手绘方案的作业目的是使学生通过在上一步速写练习的基础上充分发挥主动思考方案的能力，并学会在实践中举一反三。

命题作业的具体要求：

1. 所有作业均需绘制在A3幅面的绘图纸上。
2. 所有的作业需装订成册，并自行设计封面。
3. 封面须注明单元作业课题的名称、班级、任课教师的姓名、学生的姓名以及日期等。

第 3 教学单元

住宅环境景观设计的案例分析及成果展示

一、基地前期调研阶段

二、案例分析及成果展示

三、单元教学导引

每当新接手一个住宅环境景观设计的课题时，心中总是按捺不住的兴奋和激动。新的开始、新的环境、新的生命、新的植物、新的水体、新的艺术小品……最终形成了一个新的、和谐、空气清新的、环境优美的住宅环境。这是一种多么令人开心和值得庆幸的生活。那么作为住宅环境景观设计师，我们该如何去入手并开始我们新的行程呢？环境景观设计是一门综合性很强，涉及建筑工程、生物、社会、行为、心理、艺术等众多学科的专业。既是众多学科的应用，也是综合性的创造；既要考虑科学性，又要讲究艺术效果，同时，还要符合人们的行为心理习惯。正如美国的Albert Rutledge教授在《公园解析》一书中论述的那样，"环境景观设计应该：首先，满足功能要求，符合人们的行为习惯（设计必须为了人），创造优美的视觉环境，创造合适尺度的空间。同时，满足技术要求，尽可能降低造价，提供便于管理的环境。"住宅环境景观设计归属环境设计专业，处理好这些关系需要有一定的专业知识，这对初学者来说，也许有一定的难度。但是，住宅景观设计还是有一些方法可循的，下面就以住宅环境景观设计作为案例来进行分析。

一、基地前期调研阶段

（一）基地调查和分析

每当我们接受一个新的课题时，无论此住宅环境是新建或改建，首先我们都应该对其地理位置做区域调查分析和现状调查分析。（图3-1）

调查是手段，分析是目的。基地现状调查包括搜集与基地有关的技术资料和进行实地勘察、测量两部分。有些技术资料可以从有关部门查询得到，如基地所在地区的气象资料、基地地形及现状图、市政管线资料图（雨水井管线、电缆管线等）、城市规划资料图等。对查询不到的但又是设计所必需的资料，可以通过实地调查、勘测得到，如基地的原始地形和环境的植被、基地小气候条件等。如果现有资料精度不够、不完整或与现状有出入时，应重新勘测或补测。

基地现状调查的内容有：基地自然条件、气象资料、人工设施、视觉质量、基地范围及外环境因素等。现状调查并不需要将所有的内容一个不漏地调查清楚，应根据基地的规模、内外环境和使用的目的分清主次，主要的应详细深入地调查，次要的可简单地了解即可。所有的调查资料应尽可能地用图面或图解以及文字的形式表示，并在图上标出比例、朝向（指北针、风向等）、现有建筑、人工设施、各级管道网线、各级道路网线、等高线、大面积的原有林地、水域、基地范围等，再配以适当的文字说明，并做到简明扼要。这样的资料才直观、具体、醒目。另外，用地范围最好用双点划线表示。同时，基地底图不要只限于表示基地范围之内的内容，还应尽可能地表示出一定范围的周边环境。为了能更加准确地分析现状地形及高程关系，也可适当做一些横向或纵向的剖切图，才能给环境景观设计带来更多的方便。

基地分析的目的是在客观调查和主观评价的基础上，对基地及其环境的各种因素做出综合性的分析与评价，使基地的潜力得到充分的发挥，让我们能很清楚地认知什么是该保护的、什么是该抛弃的、什么是该利用的、什么是该弱化的。然后，最终做出一个对此住宅环境景观比较科学合理的构想。

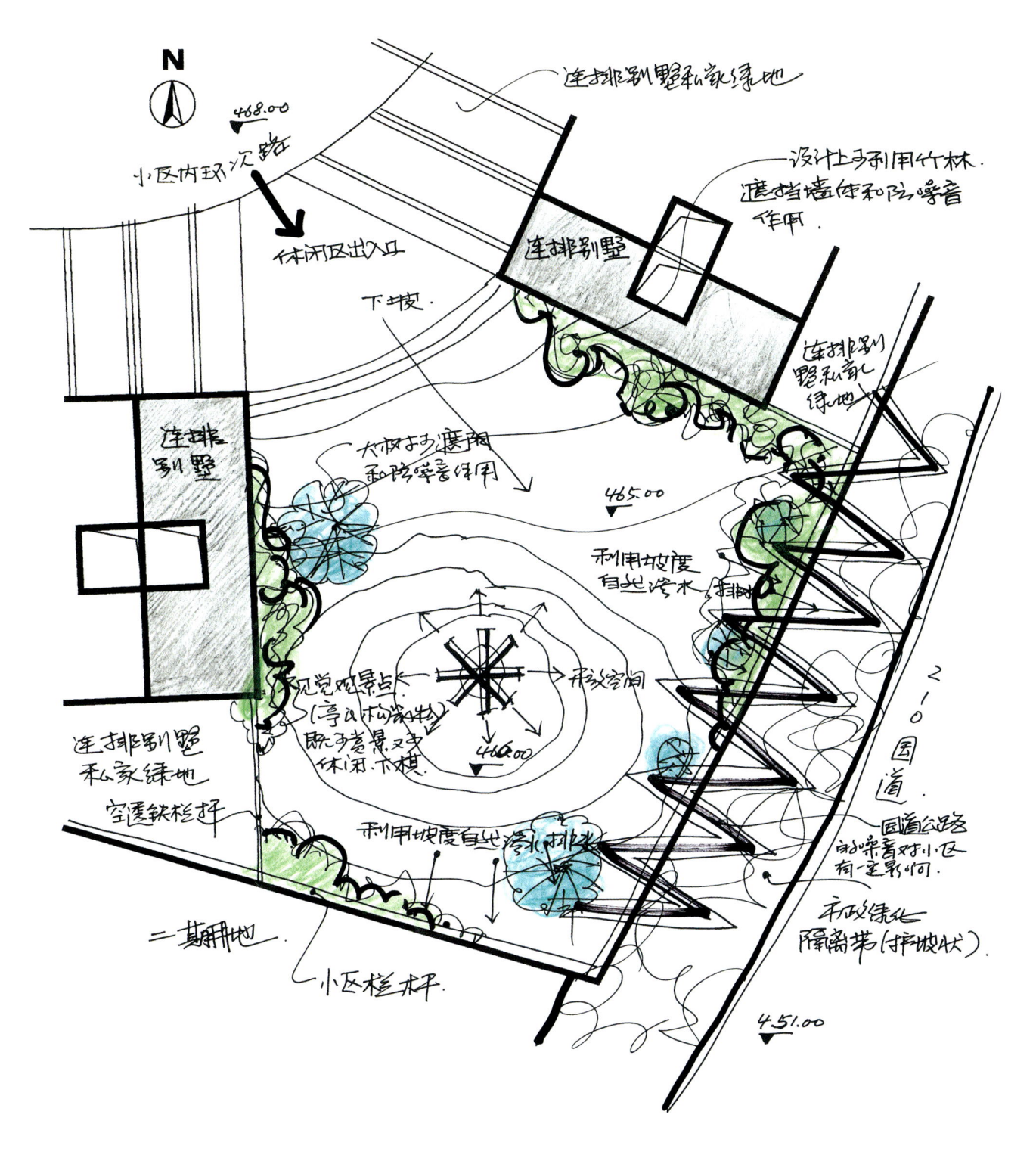

PLAN
基地现状分析图

▲图3-1

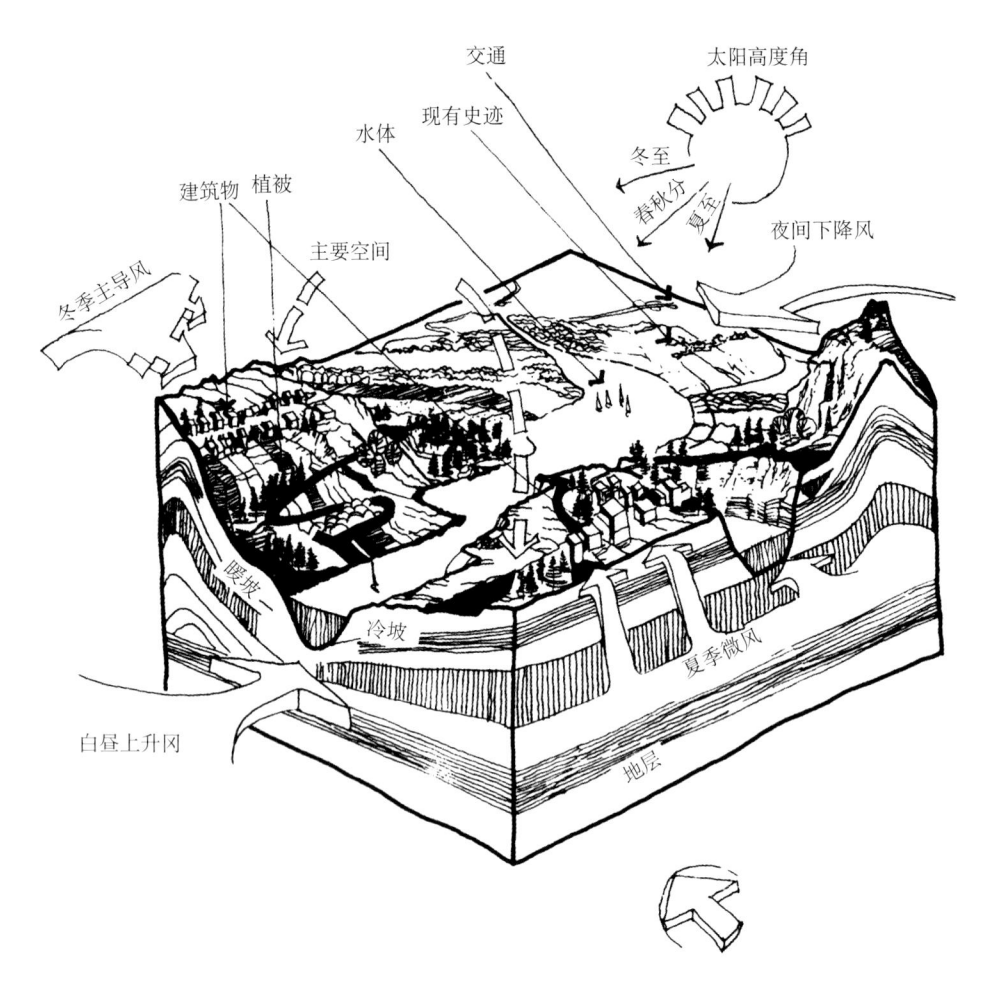

基地的影响因素

▲图3-2

以下内容是对影响基地现状的因素做的具体的讲解（图3-2）：

1. 地形要素

地形要素是住宅环境景观设计中最为基础和首要考虑的因素。常见的地形按其形态特征可以分为平坦地貌、凸形地貌、山脊地貌、凹形地貌、谷地地貌等。一是，通过地形图或现场的实地勘察得出整个住宅环境的地形轮廓，二是进一步根据地形的起伏与分布以及地形的自然排水情况等，在景观设计中做出合理利用原有地形地貌和排水的设计。比如，在低凹的湿地，可以考虑是否建一个小型湖泊或以水为主体的景观视点等。三是，地形原有地貌的陡缓程度在景观设计中也很重要，它可以帮助我们确定建筑物、道路、停车场地以及不同坡度要求的活动内容是否适合建于某一地形上。同时，在环境景观设计中，还可以充分地利用地形地貌的高低起伏，以起到阻挡视线和分隔空间的作用，使之形成具有不同使用功能或景观特点的区域。

2. 水体

水在大自然中，无处不在。低凹的地形通过长期雨水的汇集有可能形成池塘或湖泊。在住宅环境景观设计中，水体的现状调查和分析的内容有：现有水面的位置、范围、平均水深、常水位、最低和最高水位、特殊洪涝水位的范围等；水面岸带情况，包括岸带的形式、受破坏的程度、岸带边的植被、现有驳岸的稳定性等；污染源的位置及污染物成分；现有水面与基地外水系的关系，包括流向与落差以及各种水体设施（如水闸、水坝等）的使用情况；结合地形划分出汇水区，标明汇水点或排水点以及汇水线等内容。

大自然中，地形中的脊线通常称为分水线，是划分汇水区的界线；山谷线通常称为汇水线，是地表水汇集线。除此之外，还需了解地表径流的情况，包括地表径流的位置、方向、强度、沿程的土壤和植被状况以及所产生的土壤侵蚀和沉积现象。在自然排水类型中，谷线所形成的径流量较大且侵蚀现象较严重，陡坡、长坡所形成的径流速度较大。另外，当地表表面较光滑、没有植被、土壤黏结性大时，也会加强地表径流。

3. 土壤

土壤在环境景观设计中，也是

一个不可忽视的因素。总的来说，较大的工程项目需要由专业人员提供有关土壤情况的综合报告，较小规模的工程只需了解主要的土壤特征，如pH值、土壤承载极限、土壤类型等。在土壤调查中，有时可以观察当地植被、植物群落、土壤肥沃程度及含水量等情况。同时，还可根据土壤的颜色来协助调查。

4. 植被

植被在环境景观设计中是非常重要的因素之一。基地现状植被调查与分析的内容有：现状植被的种类、数量、高度、分布以及可利用程度等。

5. 气候

不同的地区有不同的气候。基地现状气候调查与分析的内容有：日照条件、温度、风向、降雨量、小气候等。比如，东照西晒的区域在哪里，各月的风向和强度，降雨量的多少等。

6. 视觉质量

视觉质量是指原基地地形上的一些独具特色的风景景观视觉效果。如有的基地地形上原有的一些具有历史、文化价值的古牌坊、古桥、古树以及大的雕刻有历史文字景点的岩石等。如能在后期的环境景观设计中结合这些视觉景点，不仅能更好地保护历史留给我们的遗产，还能美化环境景观，并使之成为环境景观中的视觉中心。

7. 人工设施

当我们对整个住宅环境的地形、水体、土壤、植被以及气候做了一个大的调查和分析后，我们应该重点考虑的就是整个住宅环境的人工设施了。为何说它重要呢？因为，住宅环境原有主体建筑或构筑物，它的设计风格以及具体的位置对景观设计都会产生较大的影响。住宅环境的人工设施具体包括：住宅环境原有建筑以及建筑与道路的连接情况及标高情况等；原有道路和空地的情况；各种市政管线（管线分地上和地下两部分，包括电缆、电线、通讯线、给水管、排污管井、煤气管线等）以及其具体的位置等。

8. 基地范围及外环境因素

基地范围及外环境因素的调查和分析内容有：首先，需要了解基地具体的用地范围；其次，了解基地与基地周围的交通，包括与主要城市道路的连接方式、距离，主要道路的交通流量等；同时，还应了解基地所处城市片区的总体规划情况。因为，城市发展规划对城市各种用地的性质、范围和发展已做出明确的规定。因此，要使设计的住宅环境景观更符合城市发展规划的要求，就必须了解基地所处区域的用地性质、发展方向以及邻近用地的发展情况等。而且，基地外噪音的位置和强度以及基地外空气污染源的位置及其影响范围等都是需要考虑的外在因素。

（二）充分利用基地条件

尊重基地、因地制宜，寻求与基地和周边环境密切联系、形成整体的设计理念，已成为现代环境景观设计的基本原则。所以，我们无论是从节约开发成本还是保护自然资源的角度出发，在环境景观设计中，都应尽量从充分利用基地现有的条件出发进行住宅的景观设计。比如，基地现状里正好有一低凹地形，那么我们可以依据总的土壤和地质条件的分析以及总体的设计规划，在设计时考虑是否可以利用此地形做一个小型湖泊、水池或修建成游泳池等。同时，通过充分利用基地的条件，还可以更加合理地规划设计住宅环境景观的给排水走向等。

二、案例分析及成果展示

当我们对项目基地的情况有了较深的认识后，就应该积极地同甲方或业主方进行沟通，了解整个住宅环境的市场定位方向，再着手进行整个住宅环境景观的总体方案构思。总体方案构思不是凭空想象，而是需要根据整个住宅环境总的设计定位和基地条件综合了解分析的结果。

任何设计项目的完成都需要展现给客户，在环境景观设计领域，目前常见的项目成果汇报通用的是以图文并茂的PPT形式或打印成文书格式展示效果。无论选用PPT格式还是打印文本格式，所展示成果的内容及格式几乎是相通的，在此我们选用一个住宅环境景观设计的成果展示为范本供学习和借鉴。展示成果首要的是要展示封面，封面内容需要直接指出设计项目、服务对象的名称、设计单位名称及设计时间等（图3-3）。其次是目录，目录是成果展示的重要骨架，是指引观者认识成果的路径。除了在内容上展示以外，目录的设计还可以运用多种表现形式（图3-4），以下为各阶段成果展示。

（一）综合部分

综合部分常常包含位图的介绍、市政管线分析图、气候与土壤分析、建筑风格分析、设计定位、设计构思立意、空间的运用、景观轴线分析、交通流线分析、功能定位、鸟瞰图等内容。

1. 位图的介绍

主要是介绍项目所在地理位置、红线范围、高程标高、面积大小以及周边环境等。在图纸上的表现方式可以直接采用卫星定位地图图片来展示，也可以采用常见交通地图来划定区域位置面积等。项目区域位图的展示目的主要是用来分析项目所在地理位置及地理状况和周边环境的用途。（图3-5）

2. 市政管线分析图

主要是根据项目现场管线的分析，为以后的建筑设计和景观设计服务，合理避开不必要的盲目性设计，在了解管线现状的基础上可以更加合理地运用景观设计原理来设计项目。（图3-6）

3. 气候与土壤分析

气候分析重点从项目所在地的常年气温和全年气候、湿度、降雨量、光热、有无霜期等气候特点来分析。土壤是绿化植物的载体，摸清园林土壤的性状，可为适地适

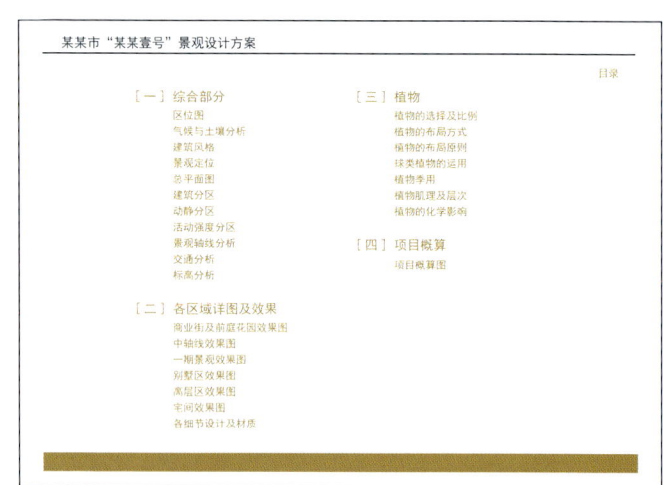

▲图3-3

▲图3-4

▲图3-5

▲图3-6

草、适地适树和科学合理配置植物景观提供科学依据。分析项目地块土壤常从土壤的酸碱性、土壤质地、土壤结构是否疏松、是否易黏结、通气通水性强弱、有机质分解快慢、是否容易流失等方面去分析，为以后植物的配置做好准备工作。（图3-7）

4. 建筑风格分析

景观设计是建立在建筑风格形式基础之上的美化环境设计，因此在项目环境景观设计之初就应理性分析原有空间建筑的风格设计是何种表现形式，在进行景观设计时，其风格好与建筑风格相统一，并结合项目地形、地貌、气候及土壤和原有构筑物等综合考虑其功能性需求，达到完美的统一，以提升环境空间美感和居住质量。

5. 设计定位

设计定位是指设计师根据场地区域位置和地理现状以及建筑风格和项目业主意见等综合因素形成设计师构思设计意图的思路体现。设计定位往往涵盖对项目设计风格的定位以及设计元素的选定和最终设计意愿的美好景象等。（图3-8）

6. 设计构思立意

设计构思立意就是在整个项目设计定位的基础上结合设计师的专业知识和个人素养为项目量身定制的设计路径和方法。在中国的古典园林中，许多园林景观都有自己的主题，而这些主题往往又是富有诗一样的意境。例如承德避暑山庄，其中包括康熙三十六景和乾

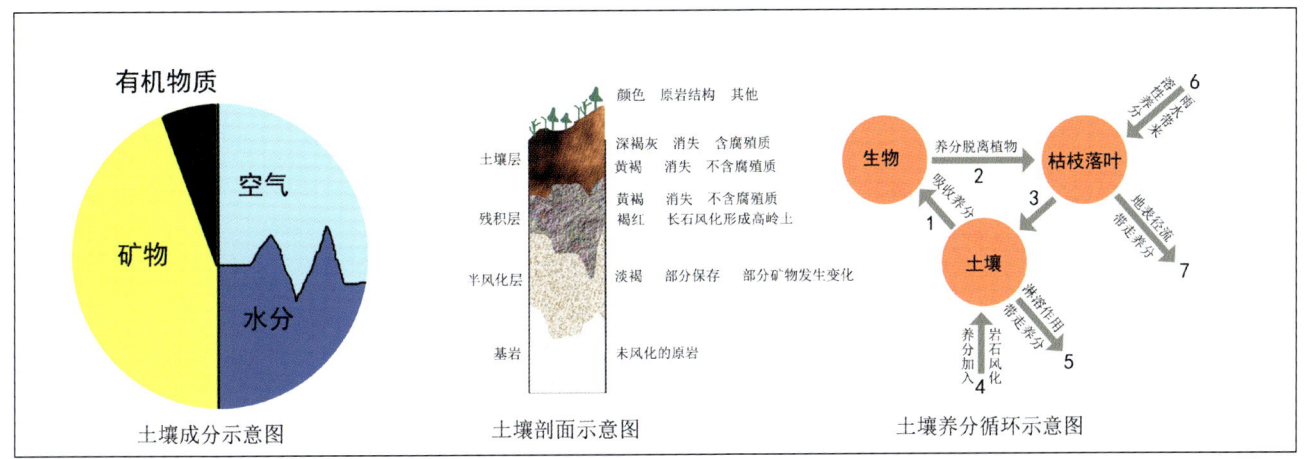

▲图3-7

▲图3-8

隆三十六景，这些"景"就是按照各自主题和意境的不同而命名的。康熙、乾隆还分别题有诗文。例如"万壑松风"建筑群，即因近有古松，远有岩壑，风入松林而发出哗哗的松涛声而得名。鉴于这种意境，康熙曾有感而发："云卷千松色，泉如万籁吟。"试想如无这诗一般的意境，恐怕就很难有感而发了。因此，意境的营造在环境景观中是非常重要的。意境一说最早可以追溯到佛经。佛家认为："能知是智，所知是境，智来冥境，得玄即真。"这就是说凭着人的智慧，可以悟出佛家是最高的境界。所谓境界，和后来所说的意境其实是一个意思。按字面来解释，意即意象，属于主观的范畴；境即景物，属于客观的范畴。但王国维在《人间词话》中却认为："境非独景物也，喜怒哀乐亦人心中之一境界，故能写真景物、真感情者谓之有境界，否则谓之无境界。"由此看来意境这两个字似乎还不能割裂开来理解。"境界"一词虽不始于王国维，但自王国维给以详细解释后，便更加明确地成为衡量文学作品，特别是诗词高下的标准。其实广义地讲，一切艺术作品，也包括园林艺术景观在内，都应当以有无意境或意境的深邃程度来确定其格调的高低。

因此，在现代的环境景观设计中，我们应该营造什么样的意境给住宅环境里的人们呢？并借助什么样的表达形式来体现呢？是自然环境景观或是自然和人工相结合的环境景观或是非常现代的环境景观呢？在此，需要特别注意的是，当我们在构思住宅环境景观的表现形式时，一定要和环境景观所希望表达的意境相符合。（图3-9）

7. 空间的运用

人类自身就处在浩瀚无比的巨大宇宙空间中。规划相对来讲是二维的，而设计才是空间的再创造。一片空地，无参照尺度，就不成为空间，一旦添加了空间实体进行围合便形成了空间，容纳是空间的基本属性。"地""墙""顶"是构成空间的三大要素（图3-10）。空间的表现形式从运动的角度看，有静态的空间和相对动态的空间；从构成关系看，有封闭式空间、开敞式空间、下沉式空间、虚拟空间、上升式空间等。（图3-11）

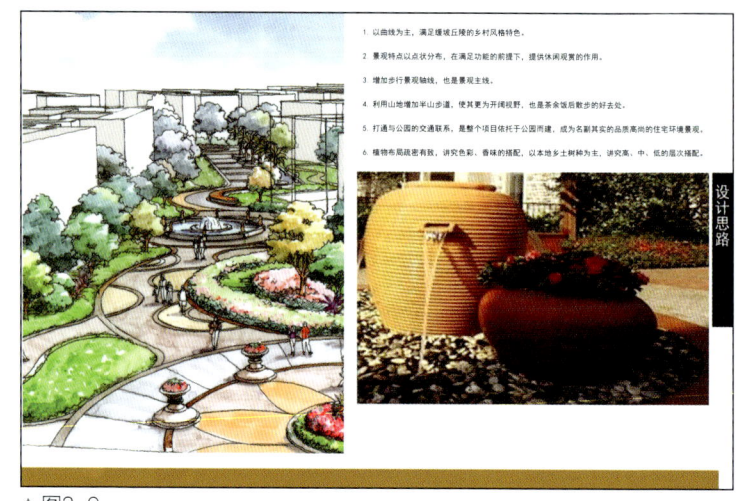

▲图3-9

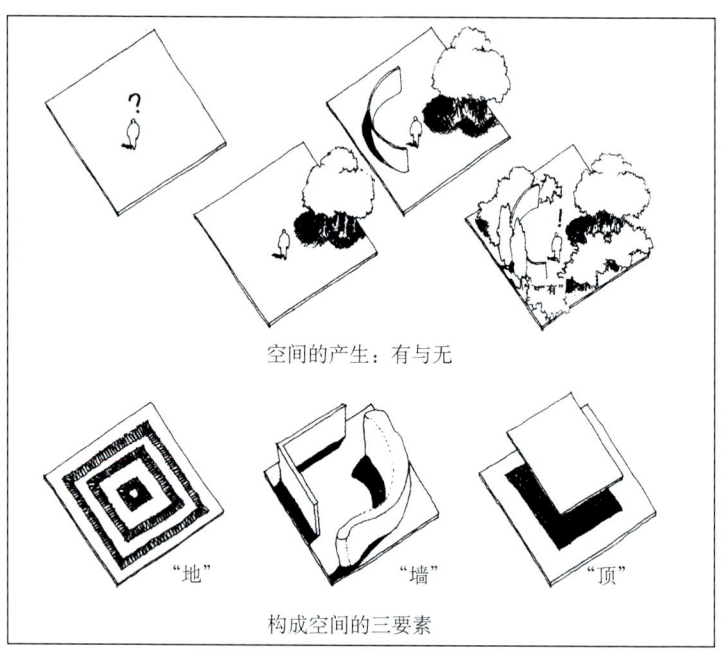

▲图3-10

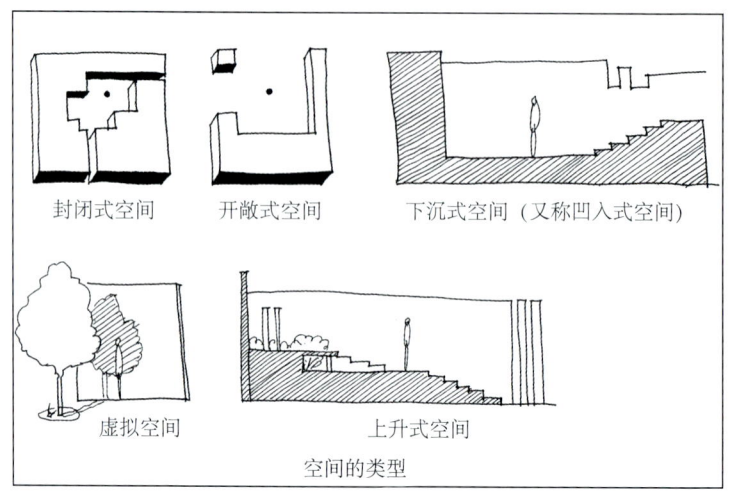

▲图3-11

环境景观由两部分组成，一是由一些景观元素构成的实体，二是由实体构成的空间。实体比较容易受到关注，而空间往往容易被忽略。尤其是我们目前的设计方法，常常只注重那些硬质实体景物和软质实体景物，相对而言对空间的形态、外延，以及邻里空间的联系等注重不够，从而形成各种堆砌景物的设计方法。老子在《道德经》中的第十一章说："……故有之以为利，无之以为用。"也就是说，实体"有"之所以给人带来物质功利，是因为空虚处"无"起着重要的配合作用。因此，注重空间结构和景观格局的塑造，强调空间的设计理念，针对视觉空间领域进行整体设计的方法，对我们来说显得尤其重要。

合理的空间运用常见表现形式有借景空间、对比空间、迷宫空间、序列空间、渗透空间等可以塑造丰富的空间效果。空间的对比是运用空间的基本关系，并形成空间变化的重要手段（图3-12）。整齐规则的空间与自由、曲折、不规则的空间之间，往往由于对比的不同会产生迥然不同的空间气氛。小空间的对比、衬托，将会使大空间给人以更大的幻觉。江南一带的私家园林，由于多处闹市，只能在有限的范围内设计，但为了求得小中见大，多以欲扬先抑的方法来组织空间序列，即在进入园区主要景区——空间之前，有意识地安排若干小空间，这样便可以借两者的对比而突出园内主要景区。例如，留园在运用空间对比手法方面给人留下的印象也是深刻的。特别是它的入口部分，其空间组合异常曲折、狭长、封闭，处于其内人的视野被极度地压缩，甚至产生沉闷、压抑的感觉，但当走到尽头而进入园区的主要空间时，便顿时有一种豁然开朗的感觉。好似陶渊明在《桃花源记》中描述的感觉一样："林尽水源，便得一山，山有小口，仿佛若有光，便舍船，从口入。初极狭，才通人。复行数十步，豁然开朗。"

空间除因大小、形状以及围合与开敞等的程度不同可产生对比作用外，还可因构成空间的材料、色彩、质感的不同而产生不同的空间气氛和功能作用。设计中既要考虑空间本身的这些对比特征，又要注意整体环境中各个空间之间的组合关系，比如渗透、序列等关系。

8. 景观轴线分析

景观轴线有虚有实，并分为主轴线和次轴线。主轴线是指一个场地中把各个重要景点串联起来的一条抽象或具象的直线。次轴线是一条辅助线，把各个独立的景点以某种关系串联起来。轴线的另一个作用是可以引导人们的视线，沿着轴线的方向，可以看到设计师精心布局的环境空间，强调人们在环境空间中的体验。主要景点之外还有次要景点，一般是以主轴线向两边渗透，形成连接次要景点的次轴线。设计中需要重视景观轴线，主轴线不一定只有一条，也可以有多条主轴线。（图3-13）

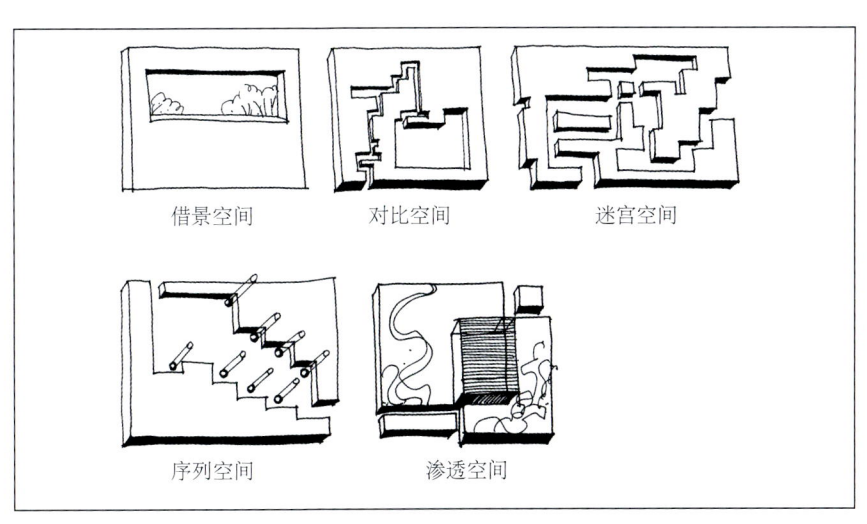

▲图3-12 空间的运用

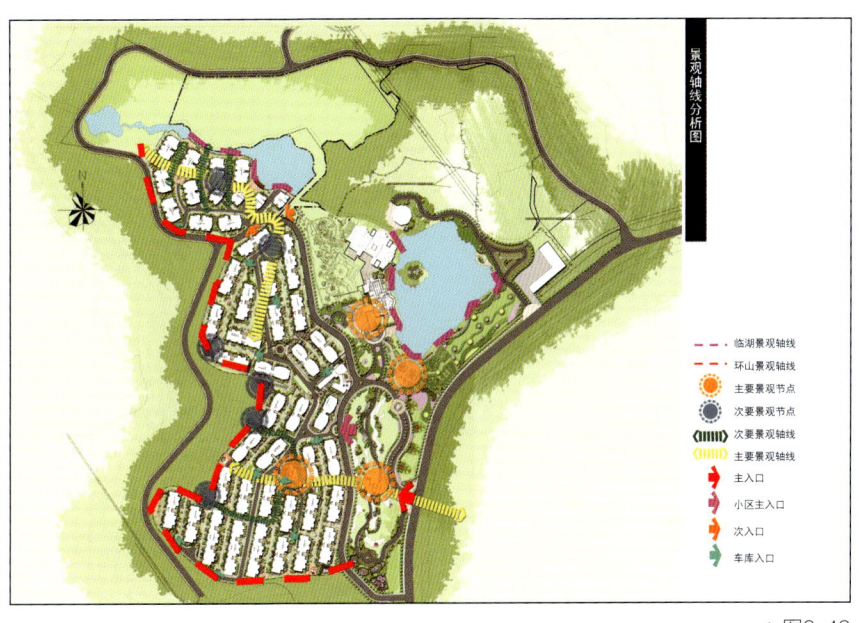

▲图3-13

9. 交通流线分析

交通是整个居住住宅环境的重要设施之一。良好的交通布局不但可以起到满足住宅环境交通的基本要求的作用，而且还可以延伸人们欣赏环境景点的路线。住宅环境的交通通常包括：车行道和人行道。车行道又包含住宅环境主路和次路以及小路等；人行道包含住宅环境主路边上的人行道和其他一些路径。比如树林里的青石小路以及小溪中的汀步等。住宅环境中公路的设计还需注意居民行走的安全性问题。比如可在住宅环境中主公路或交叉路口设置斑马线或减速带等，以做到公路"顺而不穿，通而不畅"等合理的设置。住宅环境中主路的形式常有：T形、L形、Y形、风车形、折线形或蛇形等。主路车行道宽度：6m～7m。有条件的住宅环境，应在主路车行道一侧设1.5m～2m宽的人行道；住宅环境次路，车行道宽度：3.5m～4m；住宅环境小路，车行道宽度：2.5m～3m，主要用于自行车和人流通道以及供急救车临时通行等。（图3-14）

10. 功能定位

不同规模的住宅环境景观设计因其市场定位不同，其环境所涉及的内容和功能也就不同。比如有的住宅环境总体规模比较小，绿地面积也比较小，那么，在环境景观设计中，就需要因地制宜地考虑其功能设计，而没有必要把住宅景观设计中所有的功能要素全都用上。比如，在一个绿地空间面积相对较小的住宅环境，我们就没有必要既建网球场又建羽毛球场，而应该因地制宜地考虑建一个既可作羽毛球场又可作公共活动空间的小型广场。因此不同规模、不同造价、不同需求、不同档次的住宅环境景观设计，其内容和功能设计要依据不同的功能定位。需要注意的是住宅环境景观设计一定是以居住在住宅

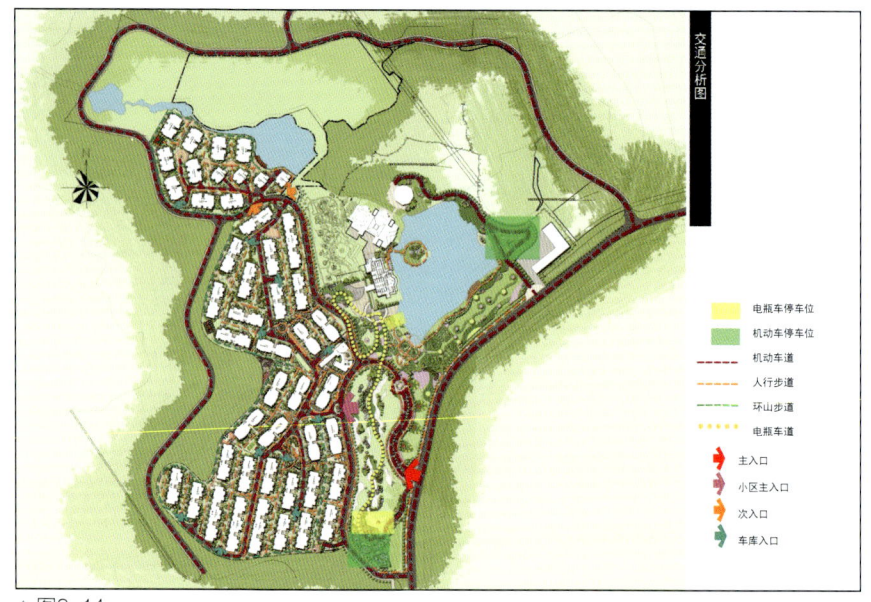

▲图3-14

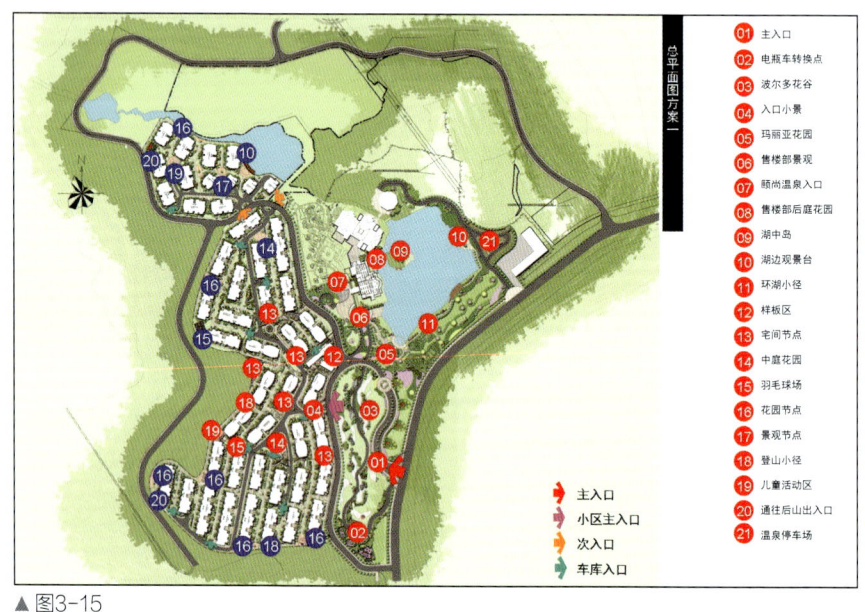

▲图3-15

环境里的人为使用主体。所以住宅环境景观设计应该是在以人为本的基础上，再根据总体定位和功能布局，设计整个住宅环境景观。其设计成果往往是以住宅环境总平面布局图来表现。（图3-15）

11. 鸟瞰图

根据透视原理，用高视点透视法从高处某一点俯视地面起伏绘制成的立体效果图就是景观设计中常用的鸟瞰图。鸟瞰图因是从高视点绘制的效果图因此画面效果呈现出的是面积宽大，视线全面的整体环境空间效果，虽然鸟瞰图也并不能在一张效果图上展示环境景观全部的效果，但是其大而全的整体视觉效果在景观设计成果展示中还是常常会用到的。（图3-16）

鸟瞰图

▲ 图3-16

（二）各区域详图及效果图

各区域详图及效果图部分常常是指分区细化方案及效果图、小品设施示意图、灯具和音响设计、硬质铺地示意图等。

1. 分区细化方案及效果图

当我们通过项目整体定位和设计构思并设计出具有功能分区的平面图之后，我们就需要再进行分区域反复推敲比较小范围区域的平面空间功能布置设计方案（图3-17至图3-19）。其后紧接着要做的工作就是细化硬质环境方案设计。在硬质环境的细化阶段需要注意的是：首先，需要确定硬质环境的内容及范围；其次，确定硬质环境的用材和色彩，以及处理好硬质环境和软质环境间的过渡情况；最后，还需要考虑施工技术处理问题等，设计细化的过程常常可以采用手绘方案快速表现（图3-20），但细化方案通过之后还可以选用电脑软件

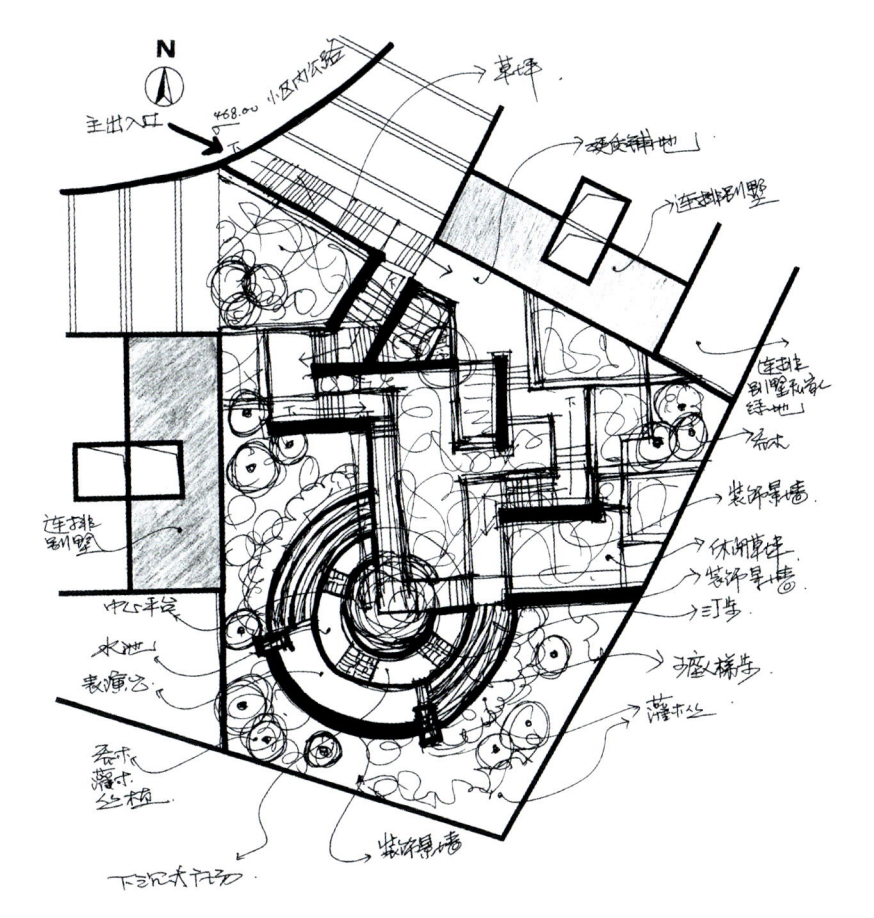

▲ 图3-17

▲ 图3-18

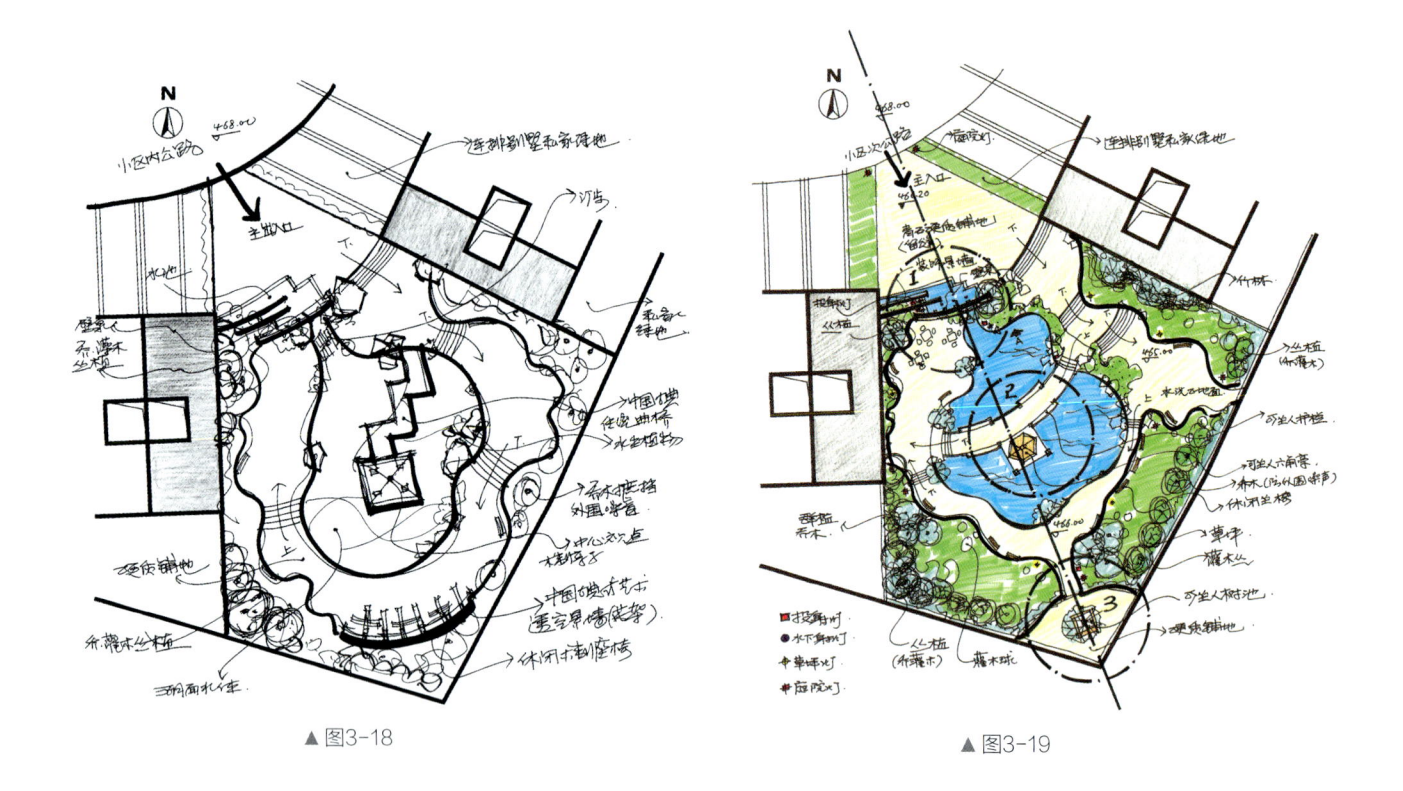

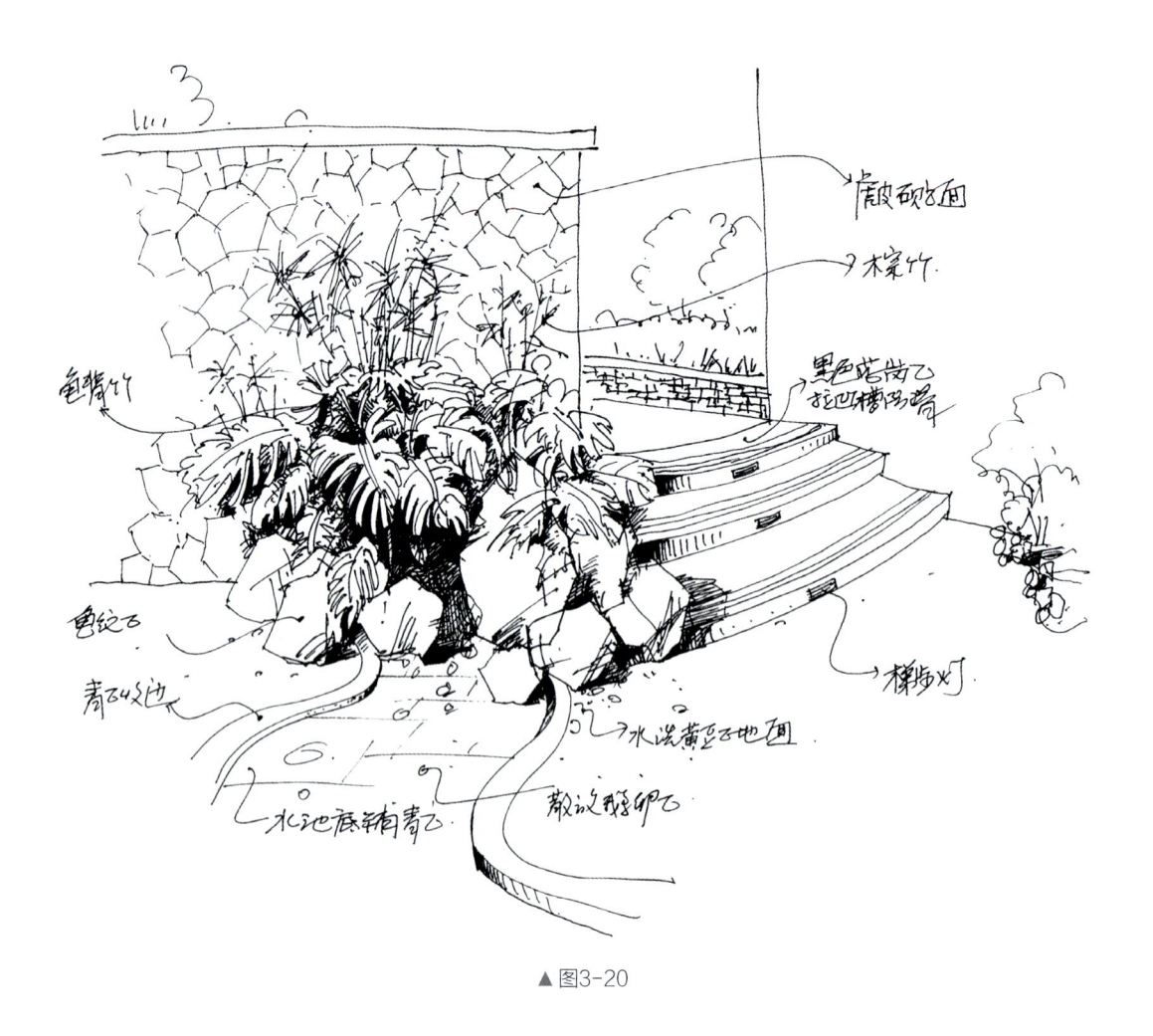

▲ 图3-19

▲ 图3-20

第三教学单元　住宅环境景观设计的案例分析及成果展示　91

▲图3-21

▲图3-22

▲图3-23

▲图3-24

制作更加详细的效果图（图3-21至图3-24）。

2. 小品设施示意图

景观小品和设施，在环境景观中既具有实用功能又具有美化环境的作用。因此，在后期的设计细化阶段，需要注意的是：首先，需要确定小品和设施的类型是否与整体环境相协调；其次，确定小品和设施的用材和色彩；最后，注意体现小品和设施的艺术表现特征及安全性等。（图3-25）

3. 灯具和音响设计

住宅环境景观灯光照明和音响设计，在环境景观中既具有实用功能又具有美化环境的作用。因此，在后期的设计细化阶段，需要注意的是：首先，确定灯具和音响的造型是否与整体环境相协调；其次，确定灯具和音响的用材、高度以及色彩的搭配；最后，注意体现灯具和音响的艺术表现特征、安全性以及灯具照明的度数是否更加的合理等。（图3-26）

▲图3-25

▲图3-26

4. 硬质铺地示意图

景观分成以植物、水体等为主的软质景观和以人工材料处理的道路铺装、小品设施等为主的硬质景观两部分。设计上常说的硬质铺地是指采用可固定并材质耐用的可用于行走和活动的地面铺装材料，常用的地面铺装材料有现浇混凝土路面、沥青地面、砖铺地、天然石材及木材和其他特殊材料如钢化玻璃、钢板等材质。硬质铺地的设计上既需要考虑材质的耐用性，也要顾及美观和安全防滑等设计因素。（图3-27）

▲图3-27

（三）植物

植物自身不仅拥有生命，而且合理地运用在景观设计上，更能增加其生命的意义。众所周知，每个城市景观的完善都不能缺少植物的配置，如何合理地配置植物是景观设计中常见的问题之一。因此我们在考虑植物设计时既要考虑是选用何种乔木（图3-28）或灌木（图3-29），也要了解其生态习性并熟悉它的色彩、花期和果实及其观赏性，同时需要注意植物种类的布局原则（图3-30），不同植物的配置方式也能构成多样化的观赏空间，造成不同的景观效果，为环境景观增色添辉（图3-31），比如修剪改

▲图3-28

▲图3-29 ▲图3-30

造植物外形，也能营造不同意境的环境空间氛围（图3-32）。

（四）项目概算

项目概算是指在项目初步设计阶段，根据设计图纸及说明书、概算定额（或概算指标）、各项费用定额等资料，或参照类似工程预决算文件，用科学的方法计算和确定项目工程全部建设费用的文件。主要有三种方法：用概算定额、概算指标或类似工程预决算来编制概算。拟建工程项目的初步设计文件较为完善，基本上能够计算出平面和立面的工程量时，采用概算定额编制概算。（表3-1）

▲图3-31

▲图3-32

表3-1 壹号二期景观工程投资估算表

序号	项目费用及名称	单位	数量	估算价值 合计（元）	估算价值 指标（元）	备注
一	硬质景观工程					
1	花筒石地面	m²	4600	3772000	820	包括基层及面层的所有内容
2	透水砖地面	m²	5042	3428560	680	包括基层及面层的所有内容
3	陶土砖地面	m²	1696	1356800	800	包括基层及面层的所有内容
4	彩色混凝土地面	m²	3895	1908550	490	包括基层及面层的所有内容
5	水景	m²	270	540000	2000	包括基层及面层的所有内容
6	树泡、花池	m²	755	755000	1000	包括结构及面层的所有内容
7	木平台	m²	694	624600	900	包括基层及面层的所有内容
8	消防车道	m²	9492	6644400	700	包括基层及面层的所有内容
9	车位	m²	3708	2781000	750	包括基层及面层的所有内容
10	廊架	个	7	70000	10000	包括结构及面层的所有内容
11	栏杆	m	115	57500	500	包括基层及面层的所有内容
12	小品	个	23	23000	1000	包括基层及面层的所有内容
13	景墙地筑及装饰	m	151	422800	2800	包括基层及面层的所有内容
14	岗亭、景观亭	座	4	140000	35000	
15	其他公共设施等	%	3	576681		
二	绿化种植工程					
1	乔木灌木及草坪	m²	49442	10877240	220	
三	水电安装工程	m²	89198	1337970	15	
四	壹号二期景观工程总费用：35316101元　　综合单价：397元/平方米					

三、单元教学导引

目标
本单元的教学目标是通过具体案例的分析，使学生对整个住宅环境景观设计方向有一个较为系统的认识。并通过作业的练习和教师的辅导，使学生学会如何入手做住宅环境景观设计，并通过不同的表现手法，完美地展现自己的设计创意。最终能独立完成一个住宅环境景观的设计方案。

要求
通过课堂系统的理论讲授以及案例分析，辅以多媒体教学，并有针对性地对学生进行作业辅导。要求学生有掌握住宅环境景观设计总体构思的能力以及对景观中具体细节的把握，最终能独立完成住宅环境景观的方案设计。

重点
本单元的重点是认识并理解基地调研与分析、住宅环境功能定位、住宅环境构思立意以及住宅环境景观中空间的合理设计等。同时，在总的平面构思已确定的基础上，应该反复比较方案，包括对比不同景观小品的形状和材质、色彩等放在环境中是否合适，都是本单元应把握的重点。

注意事项提示
本单元因是实际案例的分析与讲解，教学过程中不同教师可自由发挥各自不同的设计思路和表现手法。让学生认识不同方案的可取之处和不足之处，并从中找到自己的设计思路和表现技法。

小结要点
本单元是整个住宅环境景观设计课程中的重中之重。通过教师对教材中提供的设计案例分析及讲解，让学生获知住宅环境景观设计的程序和过程中需要特别注意的设计事项，为学生能独立完成住宅环境景观设计方案做好充分的教学指导工作。

为学生提供的思考题：
1. 住宅环境基地调查和分析的内容有哪些？
2. 空间的表现形式有哪些？

学生课余时间的练习题：
在网上收集一套住宅环境景观的方案设计图纸。

为学生提供的本教学单元参考书目及网站：
ABBS建筑论坛
中国建筑与室内设计师网
《景观设计》杂志
广州市科美设计顾问有限公司 编著. 景观设计与手绘表现[M]. 福州：福建科学技术出版社
3. 金涛 主编. 园林景观小品应用艺术大观[M]. 北京：中国城市出版社
4. 王晓俊 著. 风景园林设计[M]. 南京：江苏科学技术出版社
杨北帆，张斌 编著. 景园设计[M]. 天津：天津大学出版社

作业命题：
根据教师提供的某住宅环境景观原地形红线图：1.做一份不少于1000字的基地调研报告，要求图文并茂。2.在基地调研报告的基础上，完成住宅环境景观方案设计。设计内容包括：住宅环境的总体平面布置图、住宅环境功能分析图、住宅环境交通流线分析图、住宅环境景点及视线分析图、住宅环境植物配置分析图、住宅环境硬质铺装以及小品设施示意图、住宅环境灯具及音响的示意图，以及住宅环境的具体设计细节的深化方案图（包括平、立、剖面图的细节），以上方案设计均可采用手绘或电脑的表现形式。3.不少于2幅重要景点的后期效果图（手绘或电脑制作均可）。

作业命题的缘由：
通过学生对住宅环境景观方案设计作业的锻炼，要求学生把握住宅环境景观总体设计思路，以及如何设计具体细节的深化。

命题作业的具体要求：
1. 基地调研报告需打印在A3幅面的绘图纸上。
2. 所有的作业均需绘制在A3幅面的绘图纸上。
3. 所有的作业需装订成册，并自行设计封面、编制图纸目录等。

第 4 教学单元

住宅环境景观设计的施工图表现

一、常见室外工程细部构造及施工图表现

二、景观工程构造及施工图表现

三、景观绿化要求及施工图表现

四、单元教学导引

施工图是初步设计文件的深化和优化，也是施工过程的指导文件和竣工结算依据。环境景观施工多为室外场地，因其地形地貌地质结构不同，在设计之初和考虑施工方面就需要注意其防水性及结构稳固性，其地下基础部分的处理施工方法也就不一样。同时，就设计思路、功能定位、工程造价的不同，设计的施工方案和使用材质也就不同。因此，景观设计中常见室外景观工程细部构造及其施工图表现也是多种多样。所以，希望能以此起到抛砖引玉的作用，学生通过本单元的学习，能从中学会举一反三，不仅为以后的环境景观设计打下坚实的基础，而且能为工程施工提供参照和必要的实施依据。

一、常见室外工程细部构造及施工图表现

景观设计施工图文件以专业为编排单位，分土建（含结构）、给排水、电器、植物专业。各专业的设计文件应避免"错、漏、碰、缺"；施工图纸的内容、深度要符合设计要求；文字、标注、图纸内容要规范准确清晰。整个施工图文件同时应满足以下要求：能据以编制施工图预算；能据以安排材料、设备订货及非标准材料的加工；能据以进行施工和安装；能据以进行工程验收，并经严格校审、签字后，方可出图及整理归档。施工图最终递交的成果包括：封面、图纸目录、设计说明、材料列表、景观图纸。

（一）封面

封面包含项目名称、专业、项目编号、设计阶段、编制单位、编制时间。

（二）图纸目录

图纸目录包含项目名称、设计时间、图纸序号、图纸名称、图号、图幅及备注等。图纸序号以平面图、分区详图、竖向详图、放线定位图、硬景图纸、软件图纸、给排水图、电气设计、管线管网等为单位，各单位各自编排图号并独立成册。

（三）设计说明

设计说明包含的内容：

1. 设计依据及设计要求：需注明采用的标准图及其他设计依据。

2. 设计范围：红线范围或指定设计范围。

3. 标高及单位：需说明图纸文件中采用的标注单位，坐标采用的为相对坐标还是绝对坐标，如为相对坐标，须说明采用的依据。

4. 材料及要求：需说明的材料包括有饰面材料、木材、钢材、防水疏水材料、种植土及基层铺装材料等，并要求标注材料的名称、规格、尺寸、型号等。

5. 施工要求：需注意气候对施工有影响的部分和工种配合。

6. 用地指标：包含有总占地面积、绿地面积、道路面积、铺地面积、绿化率及工程的估算总造价等。

（四）材料列表

以列表方式直观地反映本项目所用装饰材料的类别、规格、名称、工程数量等。

（五）景观图纸

1. 总平面图

总平面图包括以下内容：

（1）建筑物、构筑物的编号以及其出入口和区域出入口大门以及围墙位置，建筑物及构筑物的轮廓线在总平面图中采用粗实线表示。

（2）停车场的车位位置、绿化、道路及广场位置，当有地下车库时，地下车库位置应用中粗虚线表示出来。

（3）设施小品的名称及位置，小品中的花架、亭台楼角以及廊应采用顶平面图在总平面图中示意。

（4）粗虚线将建筑红线表示出来。

（5）指北针、风玫瑰图、绘图比例。

2. 分区详图

对于大型景观工程，应采用分区将整个工程分成3~4个区，分区范围用粗虚线表示，分区名称宜采用大写英文字母或罗马字母表示。

3. 竖向详图

竖向详图包括以下内容：

（1）建筑物、构筑物的室内、室外标高。

（2）场地内道路有主路及景观小路包含无障碍通道以及道牙标高，道路转折点、交叉点、起点、终点的标高，广场控制点标高，排水沟及雨水箅子的标高，花池、挡墙、护坡的顶部和底部关键点的设计标高。

（3）水景内水面、常水位、最低点以及水池驳岸定位标高。

（4）小品设施安装地面标高。

（5）绿地内微地形的标高，箭头表示地面及绿地内排水方向。

（6）指北针、风玫瑰图、绘图比例。

4. 放线定位图

放线网格及定位坐标应采用相对坐标，相对坐标的起点宜为建筑物的交叉点或道路的交叉点，定位时应采用相对坐标与绝对坐标相结合进行定位。尺寸标注单位可为米或毫米，放线定位图包括以下内容：

（1）道路定位包括：道路中线的起点、终点、交叉点、转折点的坐标，转弯半径，路宽（包含道路两侧道牙），对于景观小路和无障碍通道可用道路一侧距离建筑物的相对距离定位。

（2）广场控制点坐标及广场尺度。

（3）小品控制点坐标及小品的控制尺寸。

（4）水景的控制点坐标及控制尺寸。

（5）对于无法用标注尺寸准确定位的自由曲线小路、水体、广场等，需做该区域的局部放线详图，用放线网表示，但须有控制点坐标。

（6）图纸说明中应注明相对坐标与绝对坐标的关系。

（7）指北针、风玫瑰图、绘图比例。

5. 硬景图纸

景观设计需提供硬景铺装材料及其铺装方式和景观小品清单，清单需进行分类，分类按照不同区域和功能进行划分。

（1）硬景铺装包含有景观段、材料名称、颜色、肌理、材质、规格、工程量、铺装分格示意、铺装方式、使用位置及技术要求，特别是转角处材料交接，附材料图并对材料进行编号等内容。

（2）如遇水体硬景需标注水景内水面、水底标高并对基层做防水处理。

（3）景观小品清单同样需要提供小品名称、颜色、肌理、材质、规格、使用位置及安装技术要求、工程量、附图等。

（4）地面铺装排水、放坡方向、坡度比例需表述清楚，雨水收集口位置安排须与总图一致。

（5）尺寸标注完整，各种标高、平面尺寸不可遗漏。

6. 软景图纸

植物设计总说明需讲述种植设计原则，及其实施质量要求。

（1）植物种植分为乔木图、灌木图，配置平面图需有明确的文字标注，清楚说明植物类别及数量，并需注明胸径、冠径、树高、株行距、种植位置、群植位置、范围、附图等。

（2）保留原有树木的名称和数量，图例按实际冠幅大小绘出。

（3）对植物种植区域不仅需要注意其地形高度、地形坡度、土壤要求，还需确定种植方法、修剪程度及支架搭接方式。

（4）种植需用方格网定位各植物位置，标注清楚方格网尺度进行详细技术要求，并标明与建筑物、构筑物、道路或地上管线的距离尺寸。

7. 给排水图

给排水设计说明需讲述给排水设计原则，及其实施质量要求。

（1）给排水平面图不仅需要水源接入点并定位给水位置，标明服务半径和确定水表井位置，还须确定管径型号、各管段管径、管段距离、检查井、闸门井、泵机等设备位置和坐标。

（2）给排水平面图须确定溢水、泄水管道的管径、管段长度、管底标高、排水坡度、方向及其标高位置，还须检查市政管井的具体位置及井底标高、管径、水流方向并对接市政管井接口。

8. 电气设计

电气设计说明须提供电气设计原则，及其实施质量要求。

（1）灯具布置总平面图需清楚交待灯具、控制电箱等电气的安装位置。

（2）回路连接方式和控制方式。

（3）布线要求及功率大小要求。

（4）灯具必须提供灯具造型图片及技术参数和数量。

9. 管线管网

管网图需将市政管线条件图作为单独图层放置，以备进行审核使用。

（1）审核道路与管网、管井是否重叠。

（2）管网是否可以实施，并且不影响道路施工及效果。

（3）审核植物与管网、管井是否重叠。

（4）是否可以种植植物，并且植物与管网能相互不影响并形成互补的景观效果。

二、景观工程构造及施工图表现

（一）地面铺装（图4-1至图4-3）

（二）景墙与水体（图4-4至图4-6）

（三）亭子（图4-7、图4-8）

（四）廊架（图4-9、图4-10）

（五）花池与花钵（图4-11、图4-12）

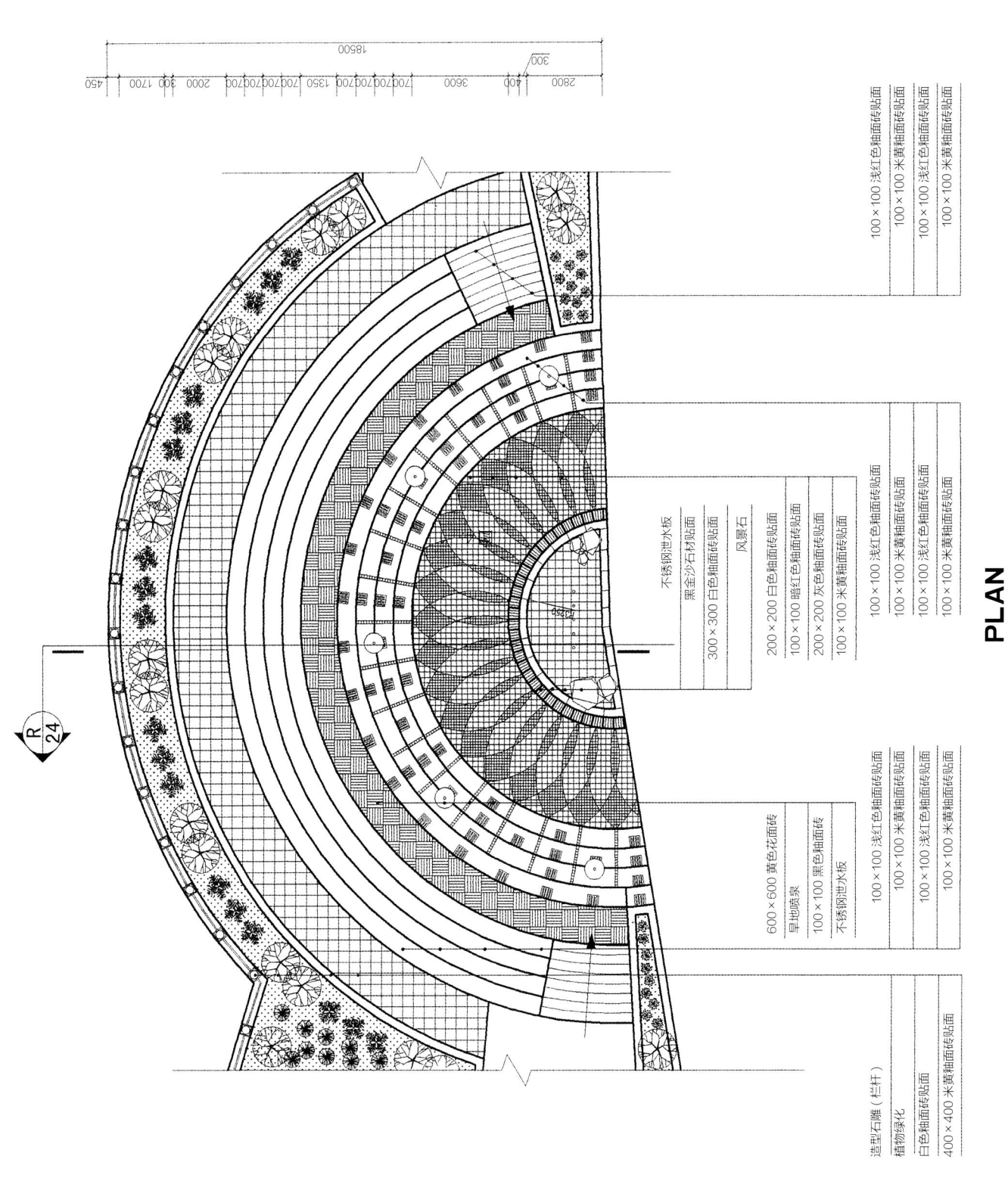

第四教学单元 住宅环境景观设计的施工图表现 | 99

PLAN
儿童游戏广场平面图

▲图4-1

▲ 图4-2

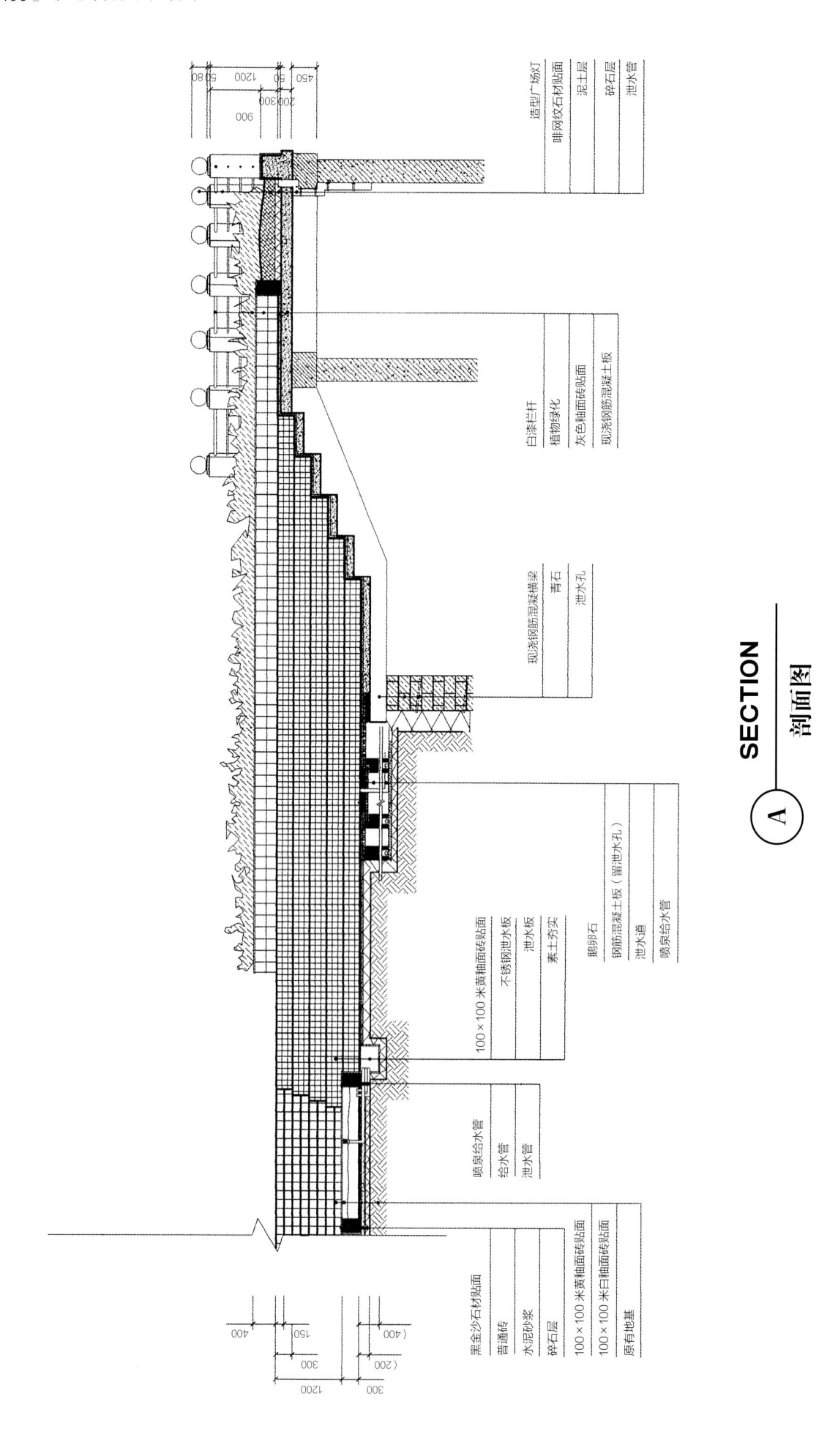

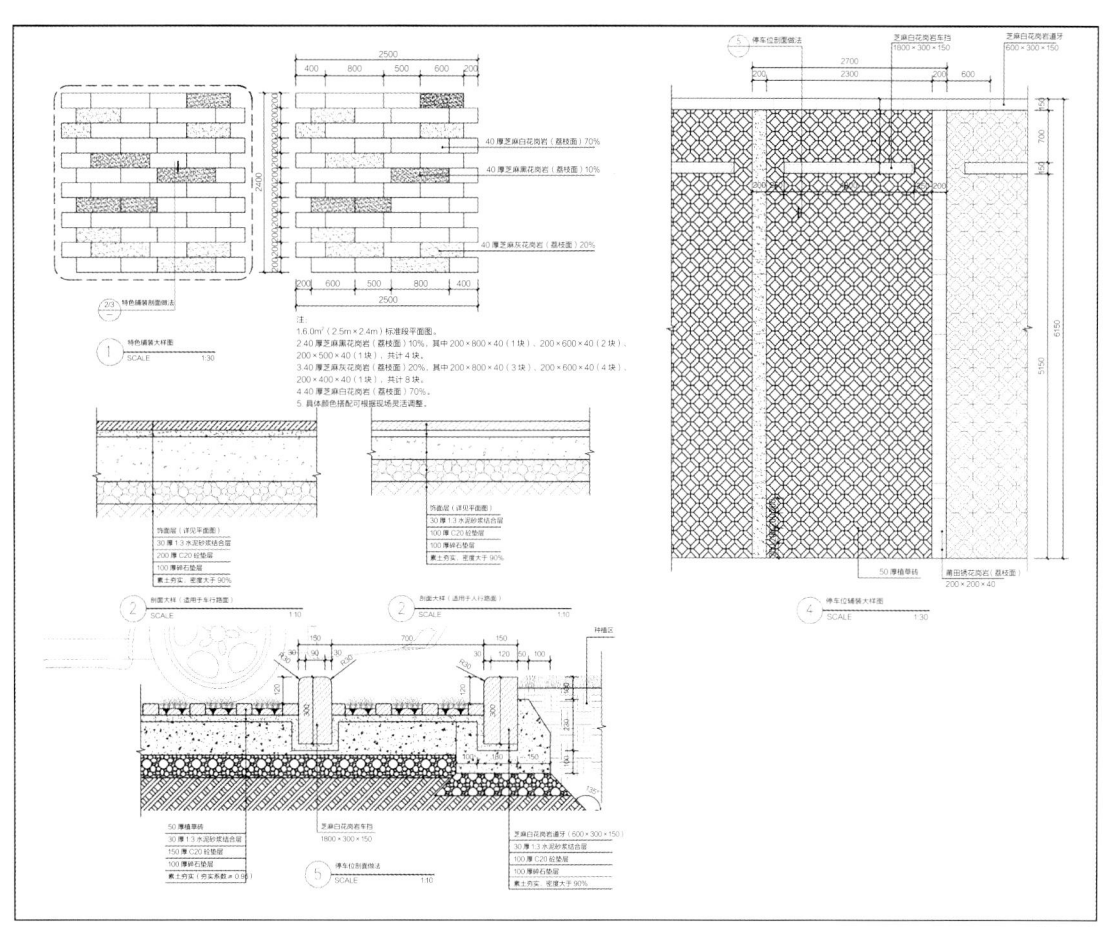

第四教学单元　住宅环境景观设计的施工图表现

▲图4-3

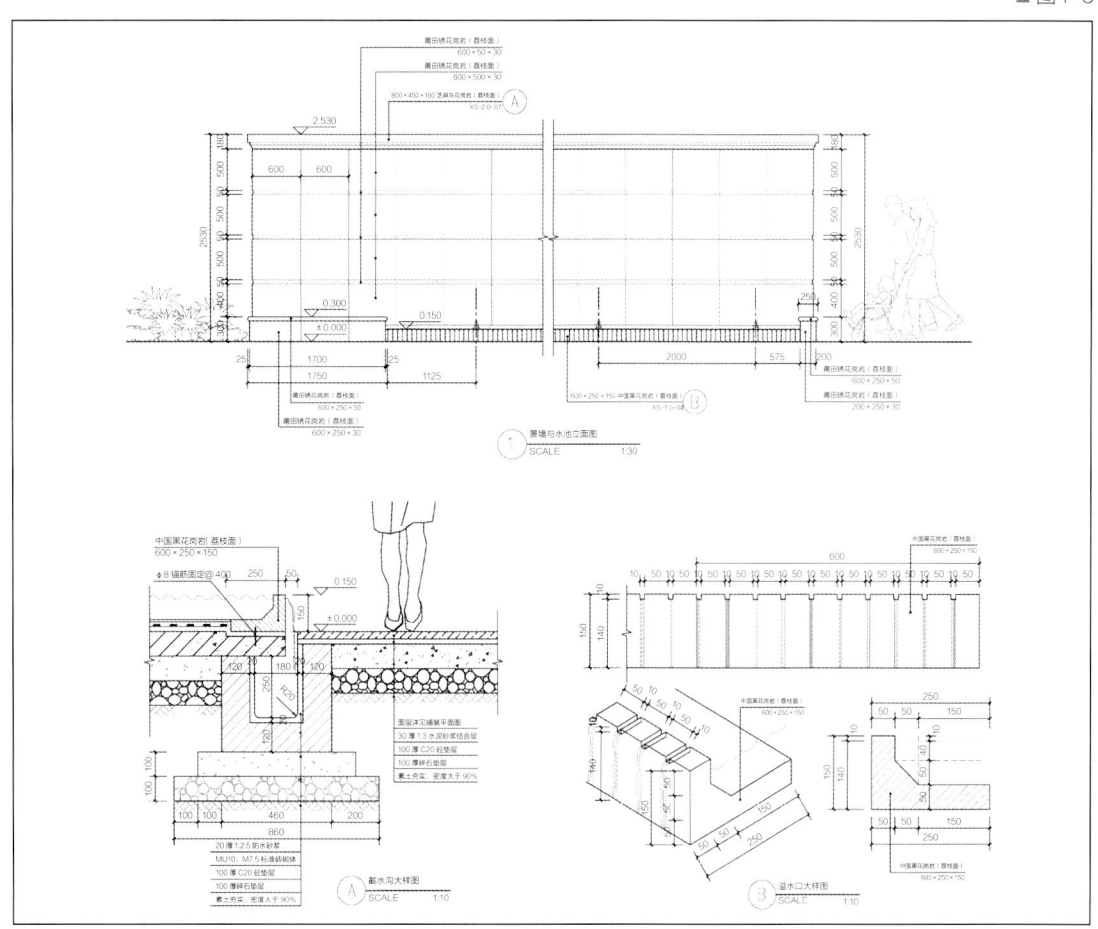

▲图4-4

住宅环境景观设计教程

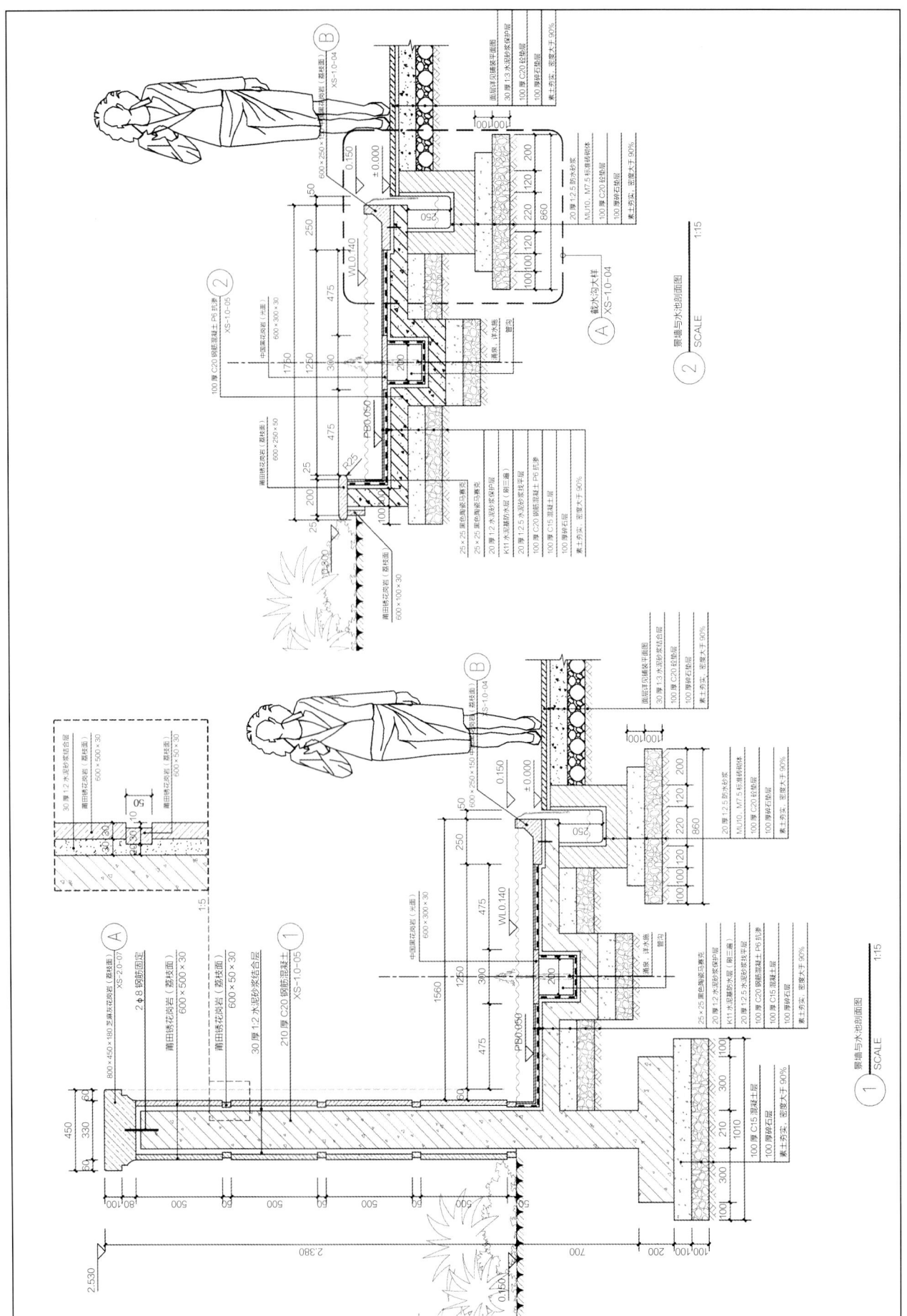

▲图4-5

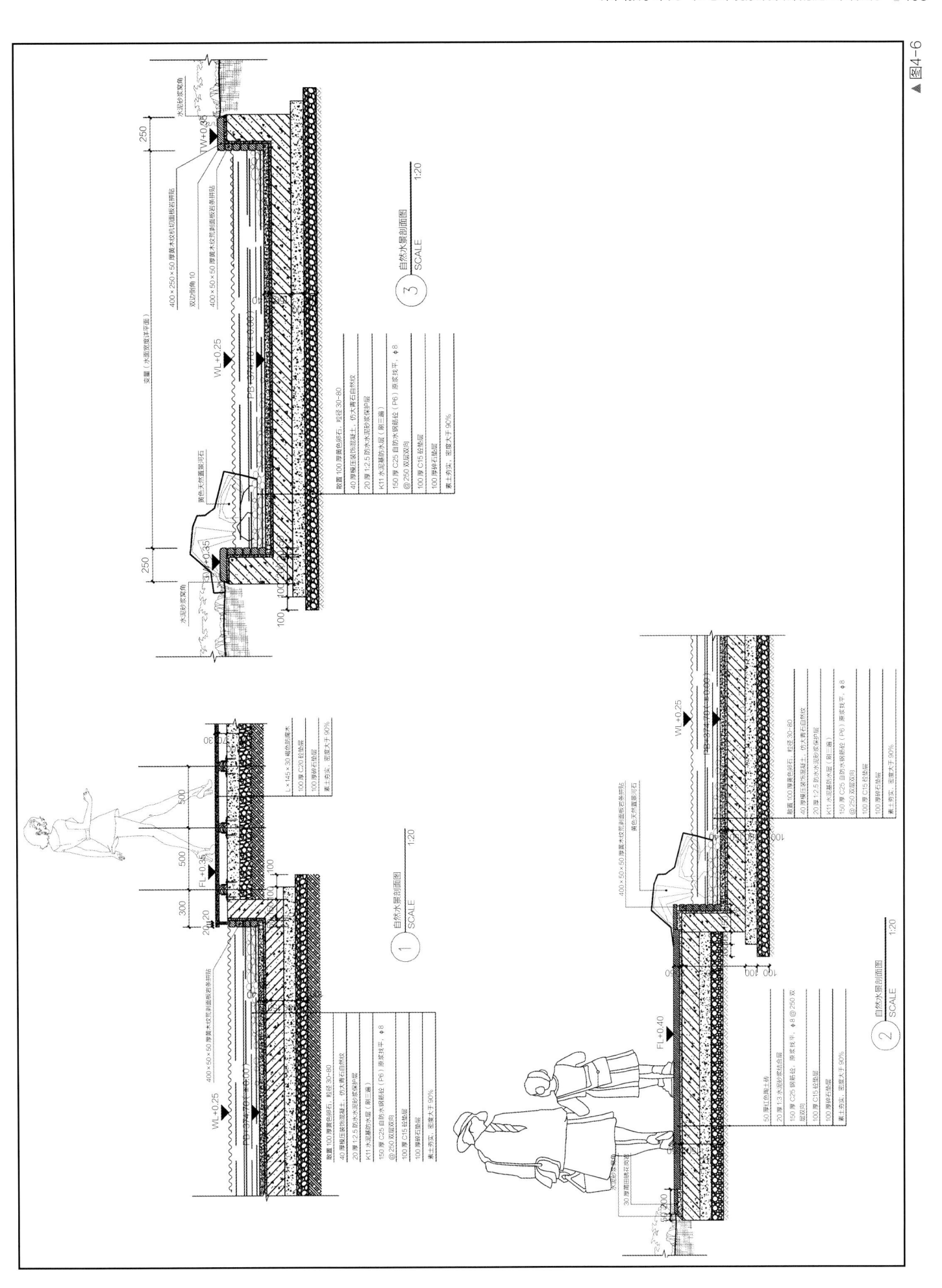

第四教学单元 住宅环境景观设计的施工图表现

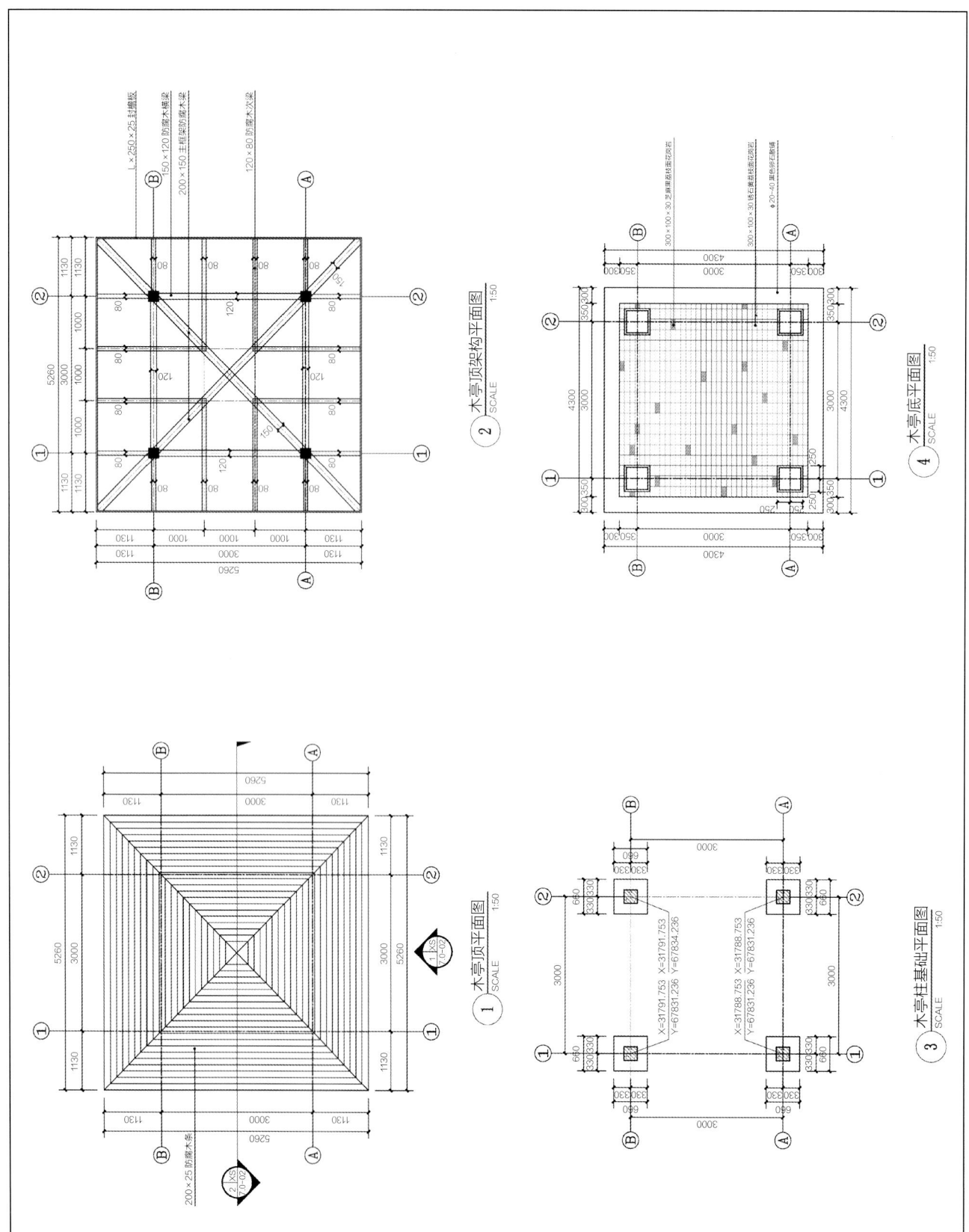

▲ 图4-7

▲ 图4-8

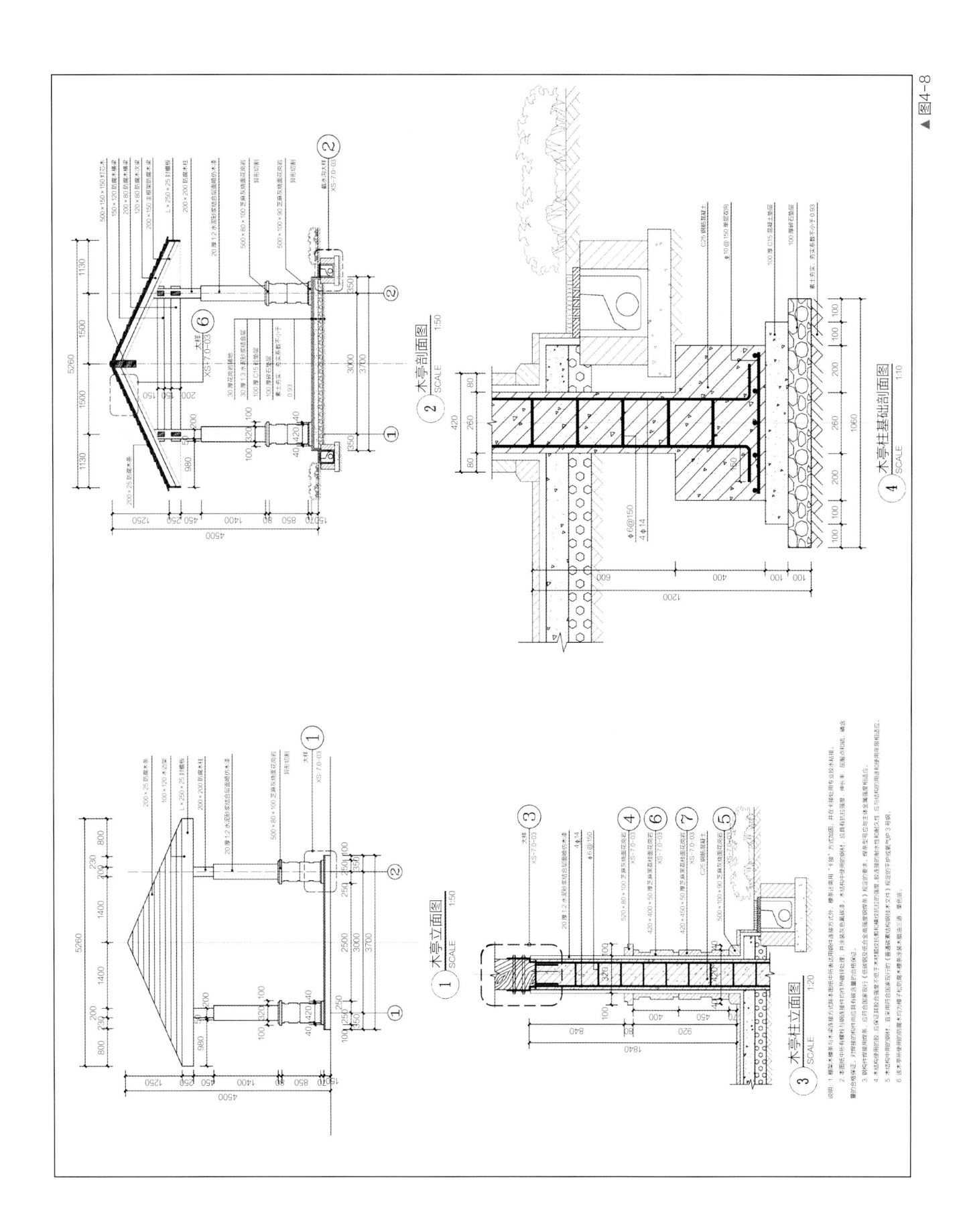

106 | 住宅环境景观设计教程

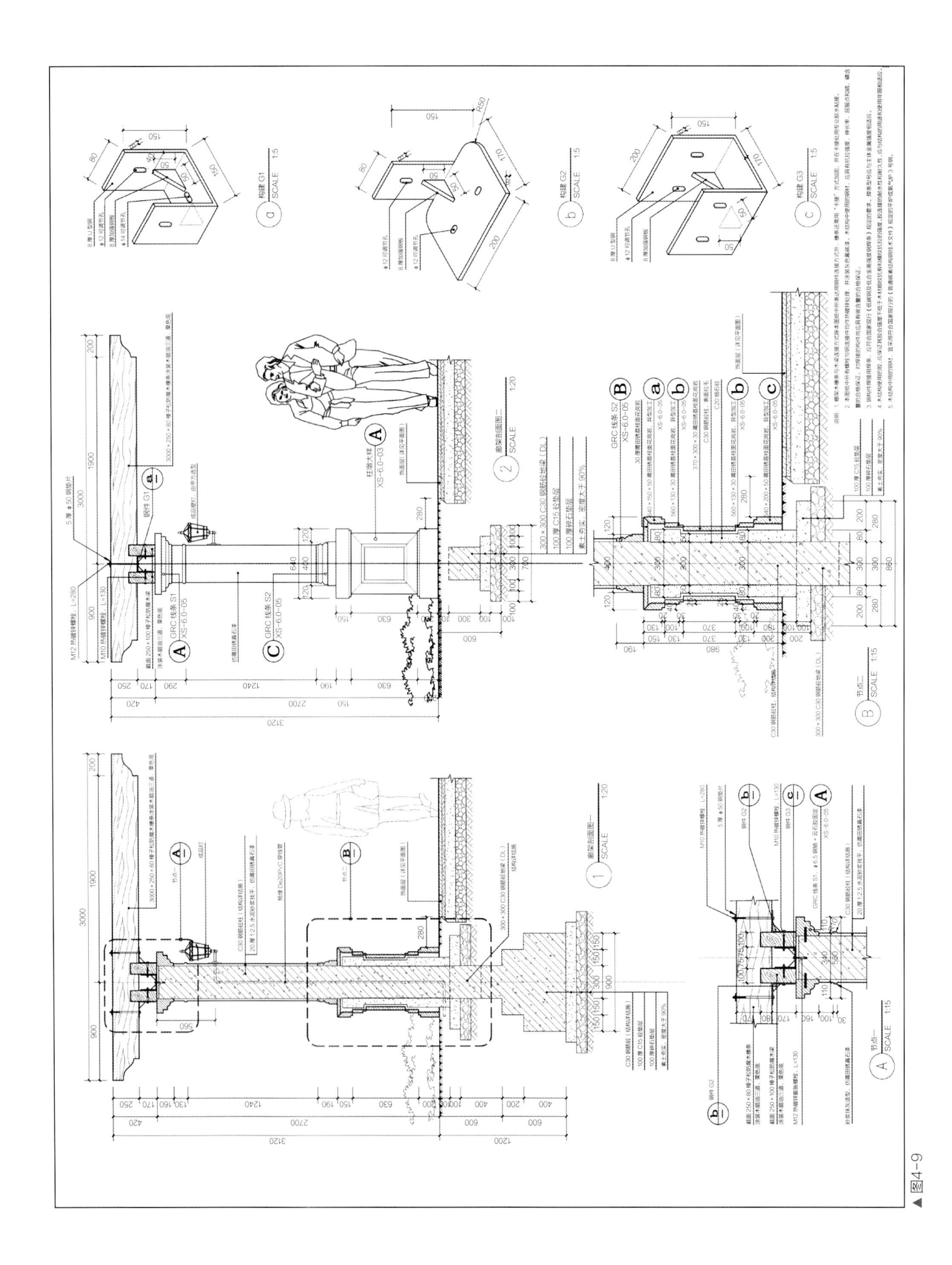

▲ 图4-9

▲ 图4-10

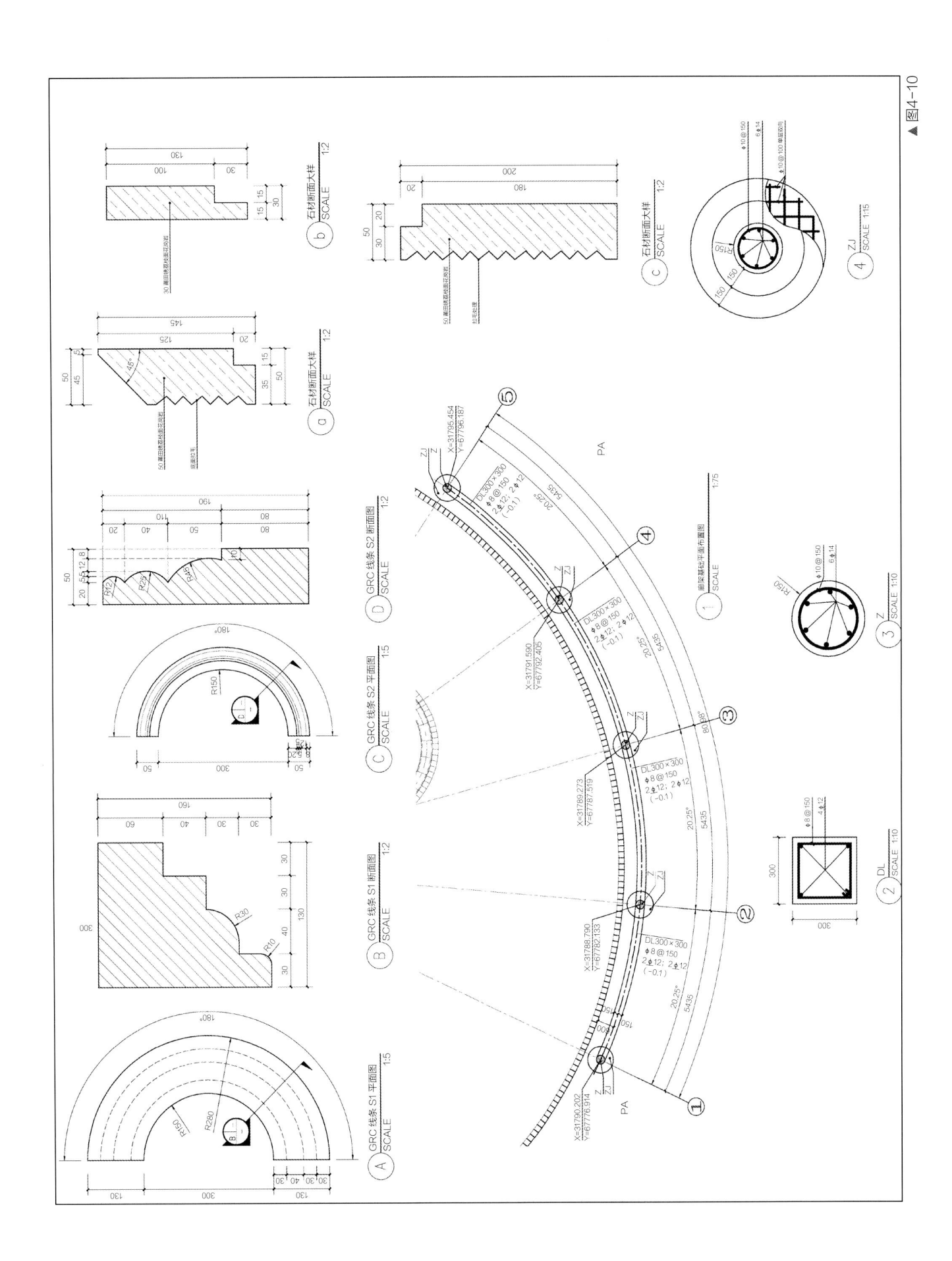

图4-11

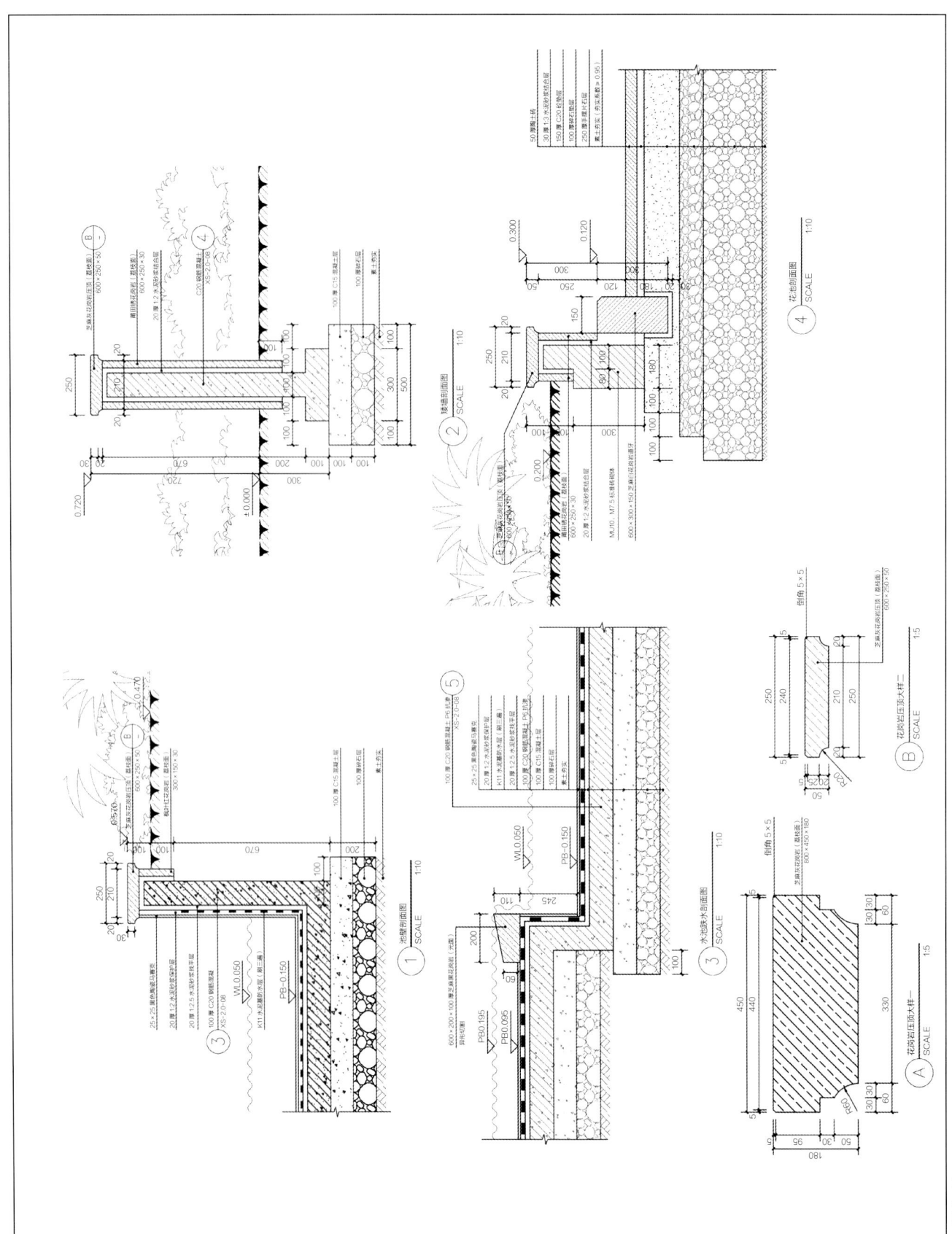

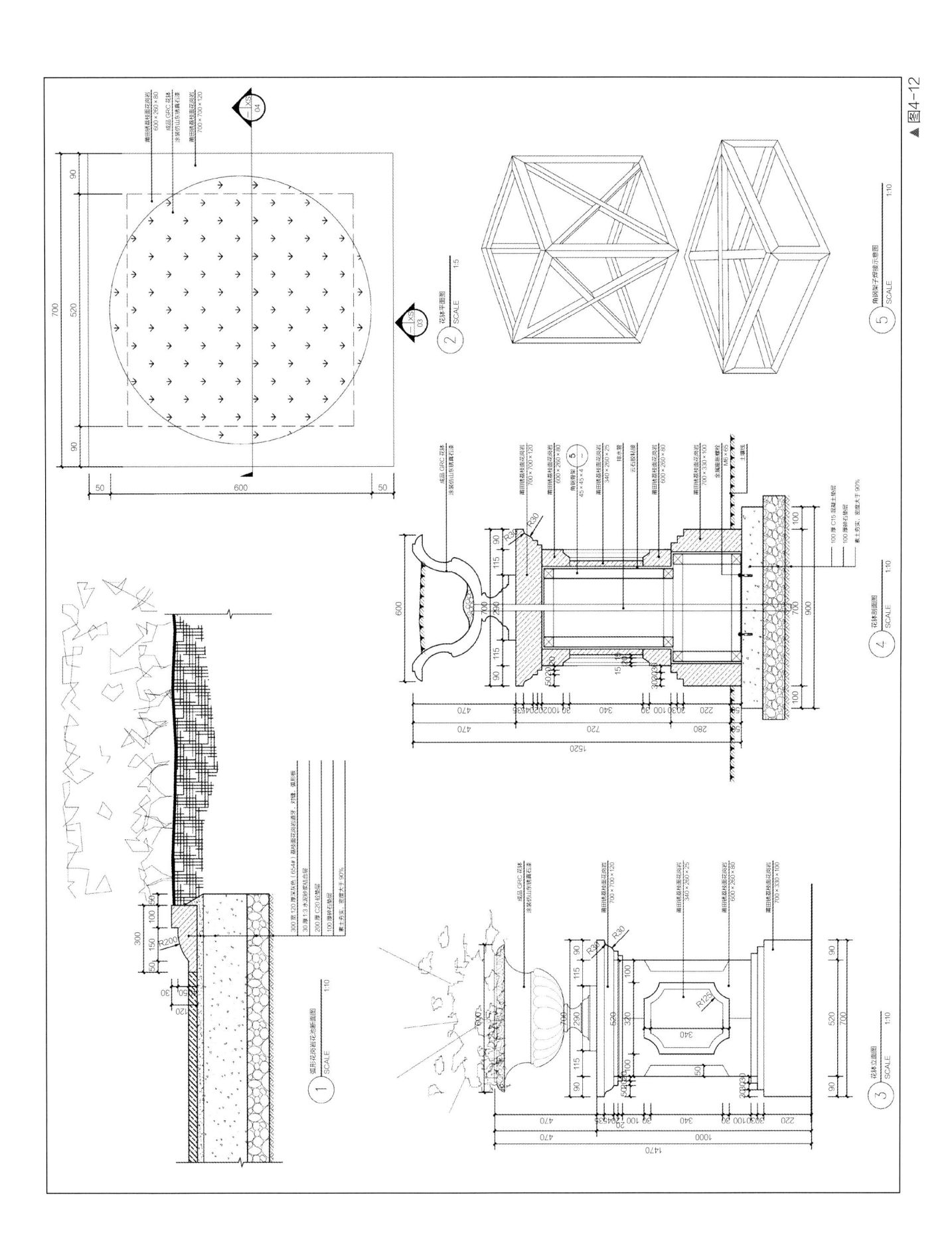

第四教学单元 住宅环境景观设计的施工图表现

▲ 图4-12

三、景观绿化要求及施工图表现

（一）绿化设计说明（图4-13）

（二）植物统计表（图4-14）

（三）植物种植要求（图4-15）

绿化设计说明

一、设计范围
四川资阳锦亭·心街

二、施工准备工作
1. 绿化种植应在主要建筑、地下管线、道路工程等主体工程完成后进行。种植物时，发现电缆、管道、障碍物等要停止操作，与有关部门协商解决。
2. 种植施工前对场地及景观节点的所有绿地进行整理，并处理底土标高，以符合图纸要求；
3. 在种植前应对基地土壤条件进行检查，在一些重要种植区域为确保种植环境必须对土壤进行改良；
4. 对于种植土及回填土，应添加迟效性肥料，在重要节点植物密度较大的地方，应加入腐殖质土壤；

三、苗木品种及质量要求
1. 工程苗木应具备生长健壮、枝叶繁茂、冠形完整、色泽正常、根系发达、无病虫害等等特征。枝干、根系造成机械损伤的，应在伤处截枝截根，以防病虫害；
2. 乔木类苗森：具主轴的应有主干枝、主枝分布均匀、干径在3cm以上；做行道树的阔叶乔木分枝高度应相对一致，具有3～5个主枝，干径不小于6cm，分枝点高不小于1.8；
3. 灌木类苗木：丛生型灌木要求灌丛丰满、主侧枝分布均匀、主枝数不少于5枝，至少有3枝以上灌高达到规定标准；单干型灌木要求具主干、分枝均匀、基径在2cm以上；绿篱用灌森要求灌丛丰满、分枝均匀、树下部枝叶无光秃，树龄2年以上。所有单株地被灌木都应达到规格。
4. 严格按设计规格选苗，花灌木尽量选用容器苗，地苗应保证移植根系，带好土球，包装结实牢靠。

四、施工要点
1. 绿地范围内堆圭造型需流畅饱满，一般情况下靠近基脚一侧应略高于靠近道路一侧，两侧均为道路的长条绿地，中间略高于两侧，大面积绿地则中间布置若干微丘。人工地形高度一般在0.3m至1.0m之间，若遇车库顶板等条件，需先明确结构承载允许范围。
2. 种植区底层泥土必须深翻40cm深度，同时清除超过5cm直径的杂物；表层土必须完全翻松，同时清除超过2cm的杂物；草坪区表土完全翻松后清除直径超过1cm的杂物。
3. 种植土必须质地疏松，保水保肥力好，一般可以是土壤表皮土。栽种前应整理场地，清除碎石瓦砾，如有条件可进行土壤消毒。
4. 种植土壤厚度：草皮不小于25cm、地被植物不小于30cm、小灌木不小于45cm、大灌木不小于60cm、浅根性乔木不小于90cm、深根性乔木不小于120cm。
5. 干径大于20cm以上的大树定植后应搭支架支撑。
6. 所有乔木应全冠移植。
7. 组团或成林栽植的植物应三五成丛，错落栽植，且应留出一定生长间。
8. 灌森植为绿篱或花带时应密植，边缘轮廓线上种植密度应大于规定密度，平面线形流畅，外缘成弧开。

五、植物养护
一般情况维修期应为一到两年，或持续到最后审批批准时为止，最少需每周进行一次巡视及保养，植物保养包括必要的浇水、残叶清除、栽培、修剪、伤口治愈、病虫害防治、喷保护剂、对死亡植株的替换、对倾斜植物的扶植等，以及使植物正常、健康成长的园艺工作。在光线不好的情况下，一些植物会生长不良或褪色，可在现场工程师同意下把植物旋转到一个好的角度或替换植物。

六、其他
1. 以本图设计植物品种应为主体，尽量保持原有生态绿化，在设计图中与原有树种位置有冲突时可在施工中视情况适当调整，以达到更好的效果。
2. 地被植物设计密度仅供参考，实际以施工中根据苗木情况可以做适当调整，以满足设计效果。
3. 花草树木种植后，因种植前修剪主要是为运输和减少水分损失等而进行的，种植后应考虑植物造型，重新进行修剪造型，使花草树木种植后初始冠型能有利于将来形成优美冠型，达到理想绿化景观。
4. 按施工平面图所标尺寸定点放线。图中未标注明尺寸的种植，应用方格网法及图中比例尺放线定点，要求定点放线准确，符合设计要求。

▲图4-13

乔木统计表

编号	图例	名称	规格（cm） 胸径	规格（cm） 冠幅	规格（cm） 高度	数量（株）	备注
01		银杏A	15-16	250-300	800-900	63	多分枝全冠苗，枝叶茂密，树形完整
02		银杏B	10-12	200-250	500-600	13	多分枝全冠苗，树形完整，分枝点2米
03		皂荚	18-20	400-450	600-700	28	多分枝，树形优美，特选观赏树
04		雪松A	18-20	400-450	800-900	24	多分枝全冠苗，树干挺直，树形完整
05		雪松B	15-16	350-400	600-700	35	多分枝全冠苗，树干挺直，树形完整
06		广玉兰	15-16	300-350	600-700	56	多分枝全冠苗，树干挺直，树形完整
07		桂花	8-10	200-250	250-300	28	多分枝全冠苗，树形饱满，分枝点1米
08		香樟	10-12	300-350	350-400	17	多分枝全冠苗，树形完整，分枝点2米
09		红梅	6-8	200-250	200-250	24	全冠苗，蓬形完整
10		垂丝海棠	6-8	200-250	200-250	38	多分枝全冠苗，分枝点1米
11		花石榴	6-8	200-250	200-250	33	全冠苗，蓬形完整，4-5枝/丛
12		日本晚樱	6-8	250-300	300-350	18	多分枝全冠苗，分枝点1米
13		红叶李	6-8	200-250	250-300	44	多分枝全冠苗，分枝点1米
14		红枫	6-8	100-150	150-200	49	多分枝全冠苗，分枝点2米
15		蜡梅	3-4	200-250	200-250	36	全冠苗，蓬形完整，4-5枝/丛
16		丛生紫薇	3-4	150-200	150-200	42	全冠苗，蓬形完整，4-5枝/丛
17		紫荆	3-4	150-200	200-250	32	全冠苗，蓬形完整，4-5枝/丛
18		紫玉兰	6-8	200-250	250-300	25	多分枝全冠苗，分枝点1.5米
19		黄槐	4-5	150-180	150-200	17	多分枝全冠苗，树形完整，分枝点1米
20		白兰花	8-10	150-200	400-450	22	多分枝全冠苗，树形完整，分枝点1米
21		山茶	4-6	150-180	200-250	41	多分枝全冠苗，树形完整，分枝点1米
22		柑橘	4-5	200-250	200-250	16	多分枝全冠苗，树形完整，分枝点1米
23		红千层	5-6	200-250	250-300	16	多分枝全冠苗，树形完整，分枝点1米
24		黄葛树	8-10	450-550	350-400	2	多分枝全冠苗，树形完整，分枝点1米
25		棕竹	2-5	150-180	100-150	3	多分枝全冠苗，树形完整，分枝点1米
26		鱼尾葵	10-12	250-300	320-350	6	
27		天竺桂	6-8	350-400	350-400	27	多分枝全冠苗，树形完整，分枝点1米
28		石楠	8-10	400-450	250-300	14	多分枝全冠苗，树形完整，分枝点1米
29		枇杷	5-8	250-300	250-280	17	多分枝全冠苗，树形完整，分枝点1米
30		桢楠	6-8	250-300	250-300	13	多分枝全冠苗，树形完整，分枝点1米
31		朴树	8-10	400-500	400-450	14	多分枝全冠苗，树形完整，分枝点1米
32		苏铁		100-150	150-200	14	

灌木及地被统计表

编号	图例	名称	规格（cm） 冠幅	规格（cm） 高度	数量（株）	种植密度（株/平方米）	备注
01		海桐球	150-160	120-150	58	248.9	全冠苗，枝叶茂密，球形完整，不露脚
02		红继木球	150-160	120-150	51		自然高度
03		豆瓣黄杨球	120-130	100-120	114		全冠苗，枝叶茂密，球形完整，不露脚
04		结香球	70-80	90-100	69		每窝5-7叶
05		鸢尾		30-40		192.3	
06		南天竹		40-50		218.4	
07		棕竹		100-120		171.3	
08		美人蕉		60-70		376.1	
09		红叶石楠		60-70		296	
10		八角金盘		50-60		373.1	
11		茶梅		50-60		124.2	
12		美女樱		25-30		69.4	
13		春羽		50-60		248.9	
14		大花栀子		40-50		304	
15		八仙花		40-50		101.3	
16		鹅掌柴		25-35		282.9	
17		金叶女贞		30-40		581.8	
18		西洋鹃		25-30		348.1	
19		红花六月雪		25-30		214.1	
20		肾蕨		35-45		225.8	
21		红檵木		50-60		329.1	
22		迎春		50-60		61.4	藤长50-60，7-10枝/窝
23		丛生福禄考		20-30		118.2	
24		紫叶小檗		35-40		215.1	
25		金边阔叶麦冬		20-25		3476	
26		萱草		40-50		139.9	
27		紫叶酢浆草		20-25		234	
28		黄菖蒲		50-60		35.3	
29		吉祥草				8253.4	混播草坪
30		十大功劳		50-60		276.6	
31		九重葛	藤长150-200				每窝5-7枝

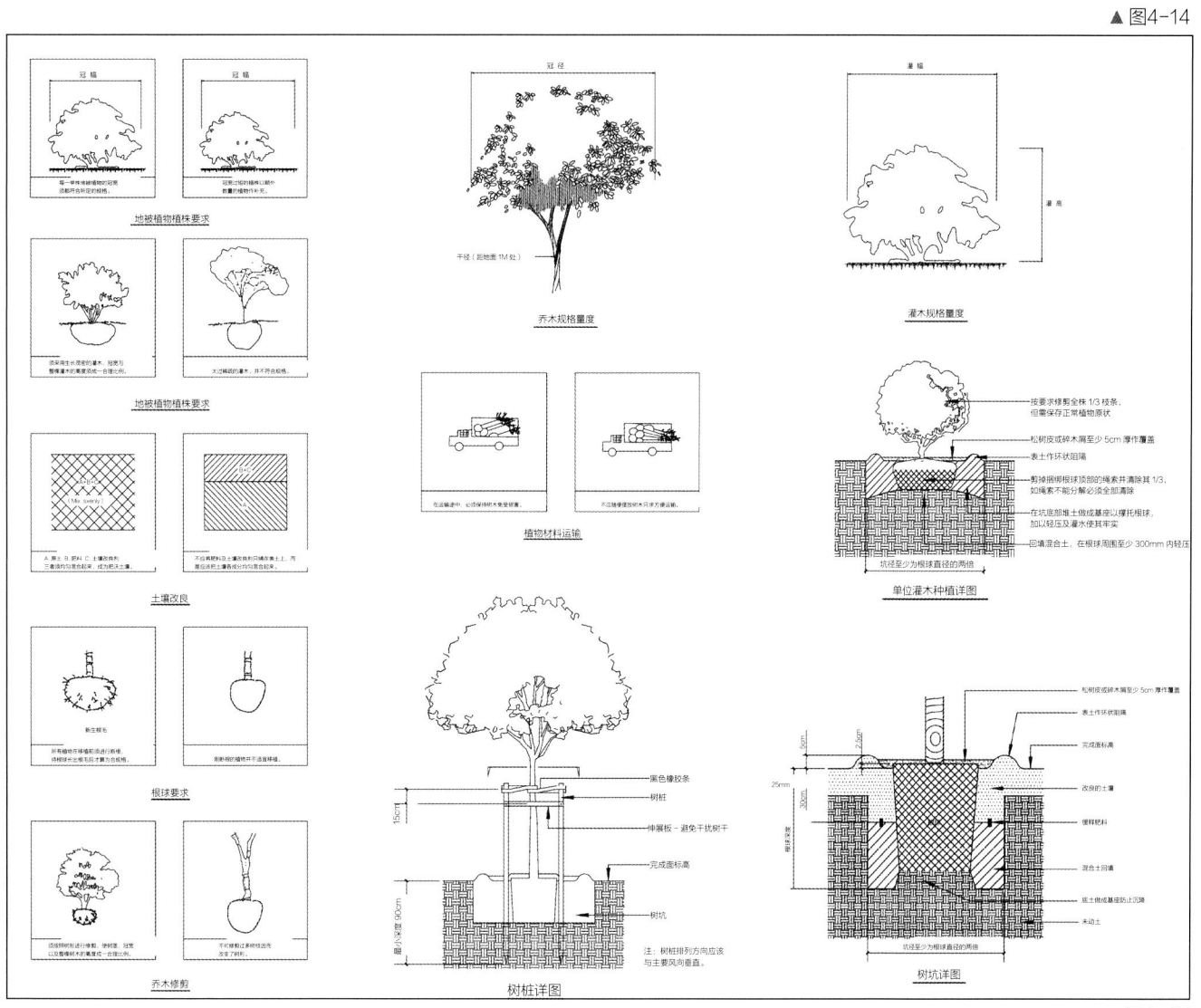

▲ 图4-14

▲ 图4-15

四、单元教学导引

目标
本单元的教学目标是使学生通过对各种常见的不同景观构筑物细部构造及其施工图表达形式的认识和理解,更好地为以后的景观设计打下坚实的基础。

要求
通过课堂教师对施工图绘制的示范及讲解,辅以多媒体教学,并有针对性地对学生进行作业辅导。要求学生掌握住宅环境景观设计中各种不同景观构筑物细部构造及其施工图的表达形式。

重点
本单元教学过程中应把握的重点不仅是要求学生认识各种不同景观构筑物细部构造及其施工图的表达形式。更应强调对构筑物地下基础部分的设计与其施工图的表达形式的认识和理解。

注意事项提示
本单元的教学实质讲解的是现场施工中所涉及的具体设计内容,但因具体不同条件所限,很多学生可能会对景观施工图的认识和理解不够。所以,如果任课教师有机会,希望争取在本单元的教学过程中,带领学生到住宅环境景观施工现场通过边实地参观边讲解的方式学习,相信会使学生对本单元的学习有更大的帮助。

小结要点
施工图是设计师设计构思的进一步完美展现。因此,学生在学习住宅环境景观设计课程的同时,也有必要学习景观设计施工图的表达和制图规范,并明确景观设计施工图在整套住宅环境景观设计图纸中的重要性。

为学生提供的思考题:
为什么有的景观构筑物细部构造可以有几种不同的方式呢?

学生课余时间的练习题:
在网上收集一套相对完整的住宅环境景观设计施工图的图纸。

为学生提供的本教学单元参考书目及网站:
ABBS建筑论坛
中国建筑与室内设计师网
《景观设计》杂志
广州市科美设计顾问有限公司 编著. 景观设计与手绘表现 [M]. 福州: 福建科学技术出版社
王晓俊 著. 风景园林设计 [M]. 南京: 江苏科学技术出版社
杨北帆, 张斌 编著. 景园设计 [M]. 天津: 天津大学出版社

作业命题:
根据教材上的图例或其他资料临摹3种自己感兴趣的不同景观构筑物细部构造及其施工图表达形式。根据上一单元住宅环境景观设计的方案作业,用Auto CAD的表达形式绘制不少于5个重要景点的各平、立、剖面图及其节点大样施工图。

作业命题的缘由:
通过学生对住宅环境景观方案设计作业的锻炼,要求学生把握住宅环境总体设计思路,以及具体设计细节的深化。

命题作业的具体要求:
1. 所有作业均需绘制在A3幅面的绘图纸上。
2. 所有的作业需装订成册,并自行设计封面、编制图纸目录等。
3. 封面须注明单元作业课题的名称、班级、任课教师的姓名、学生的姓名以及日期等。

参考文献

[1] 金涛. 园林景观小品应用艺术大观 [M]. 北京: 中国城市出版社.
[2] 香港日瀚国际文化有限公司. 中国景观楼盘 [M]. 北京: 中国林业出版社.
[3] 广州市科美设计顾问有限公司. 景观设计与手绘表现 [M]. 福州: 福建科学技术出版社.
[4] 香港科迅国际出版有限公司. 手绘效果表现 [M]. 广州: 广东经济出版社.
[5] 广州市唐艺文化传播有限公司. 景观细部集成 [M]. 长沙: 湖南美术出版社.
[6] 彭一刚. 中国古典园林分析 [M]. 北京: 中国建筑工业出版社.
[7] 王晓俊. 风景园林设计 [M]. 南京: 江苏科学技术出版社.
[8] 杨北帆, 张斌. 景园设计 [M]. 天津: 天津大学出版社.
[9] 张纵. 园林与庭园设计 [M]. 北京: 机械工业出版社.
[10] 国际新景观. 全球顶尖10×100景观 [M]. 武汉: 华中科技大学出版社.
[11] 罗力. 环艺表现技法 [M]. 重庆: 西南师范大学出版社.
[12] 沈渝德. 室内环境与装饰 [M]. 重庆: 西南师范大学出版社.
[13] 窦世强, 刘卫国. 环境艺术设计制图 [M]. 重庆: 重庆大学出版社.
[14] 顾小玲. 景观设计艺术 [M]. 南京: 东南大学出版社.
[15] 贝思出版有限公司. 亚太景观澳大利亚、新加坡、香港园境规划师作品集 [M]. 南昌: 江西科学技术出版社.
[16] [英]克利夫顿. 住宅庭院设计 [M]. 贵阳: 贵州科技出版社.